高等职业院校教学改革创新示范教材·软件开发系列

# HTML5+CSS3
# 项目开发实战
## （第2版）

王庆桦　王新强　主　编
王　玥　副主编

电子工业出版社
Publishing House of Electronics Industry
北京·BEIJING

## 内 容 简 介

本书以HTML5与CSS3知识点为主线，响应式布局项目为任务载体，采用迭代递增的网页设计方法，根据项目需求来逐步完成任务，实现学习相关知识与动手实操并重目的。全书按照网页设计的步骤，围绕HTML5与CSS3重要特性进行编写，通过详细讲解各个任务的实施来对知识点进行总结，使读者深入掌握网页设计制作技术。

为适应应用型人才培养的需求，本书既强调理论知识的夯实、基本技能的训练，还注重拓展能力的培养，最终使学习者具备解决问题、分析问题的能力。内容编排以项目为载体，以任务实施为学习路径，结构清晰、内容翔实、难度渐进，达到学以致用的目标。

本书编者由具有多年教学经验和实际项目开发经验的教师组成，书中大量教学实例，既有较强的理论性，又具有鲜明的实用性。本书即可作为高职院校和应用型本科院校网页设计课程的教材，也可作为信息技术培训机构的培训用书，还可以作为网页设计与制作人员的参考用书。

未经许可，不得以任何方式复制或抄袭本书之部分或全部内容。
版权所有，侵权必究。

图书在版编目（CIP）数据

HTML5+CSS3项目开发实战 / 王庆桦，王新强主编. —2版. —北京：电子工业出版社，2022.7
ISBN 978-7-121-43912-4

Ⅰ. ①H… Ⅱ. ①王… ②王… Ⅲ. ①超文本标记语言－程序设计－高等学校－教材②网页制作工具－高等学校－教材 Ⅳ. ①TP312.8②TP393.092.2

中国版本图书馆CIP数据核字（2022）第118211号

责任编辑：康　静
印　　刷：三河市鑫金马印装有限公司
装　　订：三河市鑫金马印装有限公司
出版发行：电子工业出版社
　　　　　北京市海淀区万寿路173信箱　邮编100036
开　　本：787×1 092　1/16　印张：17　字数：435.2千字
版　　次：2017年2月第1版
　　　　　2022年7月第2版
印　　次：2022年7月第1次印刷
定　　价：49.80元

凡所购买电子工业出版社图书有缺损问题，请向购买书店调换。若书店售缺，请与本社发行部联系，联系及邮购电话：(010) 88254888，88258888。
质量投诉请发邮件至 zlts@phei.com.cn，盗版侵权举报请发邮件至 dbqq@phei.com.cn。
本书咨询联系方式：(010) 88254609，hzh@phei.com.cn。

随着信息技术向纵深方向发展，作为依托互联网发展起来的网站开发与网页制作面临着挑战。一方面，用户更加注重站点信息丰富，功能齐备，页面精美、操作流畅；另一方面，要满足用户不受系统平台和软件插件的限制，可以通过移动设备访问网站，Web 新技术 HTML5 和 CSS3 则能够满足这些需求，其也迅速成为网页设计的热点。

本书在《HTML5+CSS3 项目开发实战》第一版的基础上，参照相关的国家职业技能标准和行业职业技能鉴定规范，在满足专业学习要求，提升学生的专业素养和文化底蕴的基础上，以"知识传授和价值引领相结合"为目标，将"德技兼修"作为出发点和落脚点，进行内容的修订和升级。

本书针对应用型人才培养规格的需要，突出职业素质教育和技术应用能力，运用创新思维模式理实一体系统化教学方法。本书具有如下特色：

1. 纵向结构紧密衔接职业教育国家标准和专业教学标准，以 HTML5 与 CSS3 技术的技能训练为主线，突出知识层面、能力层面和素质层面三位一体综合能力培养，内容完整、由浅入深、层次清晰、阐述准确。

2. 横向结构突出"做中学、做中教、做中练"，内容设计采用任务驱动、项目导入、教学做一体化模式编排教材，通过任务驱动将项目载体融入教学，高强度培养学生工程实践能力，要求在教学过程中达到项目实践实训的目的，实现人才培养与行业人才需求接轨。

3. 各项目在体系结构安排上，运用思维导图形式，提供一个以技能发展为主轴的结构化学习方案，直观体现学习路径，提升了学习效率。任务选取当今互联网热点网站设计作为素材，将 8 个仿真项目融入教材，提高学习者的学习热情；同时，添加了企业站点开发的管理规范元素，突出项目管理理念。

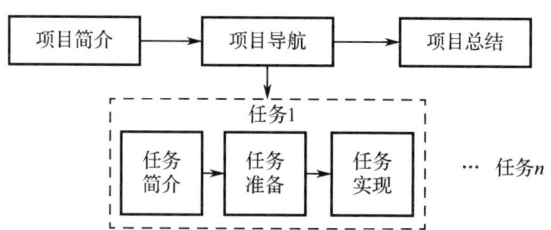

4. 本书编写团队汇集了有丰富教学经验一线教师，有长期从事学科规划设计的专业带头人及资深企业工程师、项目经理等。

5. 坚持立德树人坚守教育初心，书中融入了课程思政教学元素，有助于帮助学生形成正确的价值观，提升文化底蕴、培养深厚的爱国情怀和民族自豪感，以达到润物细无声的效果。

6. 丰富的新形态教学资源，本书除配套提供有电子教学课件、案例库、习题库，还提供了大量的关于网页设计、HTML5 和 CSS3 技术数字资源库，读者可以通过扫描二维码获取相关资料，实现课程全方位的资源共享。

本书共 8 个项目，项目 1 到项目 4 由王庆桦老师编写；项目 5 到项目 8 和附录由王新强老师编写；全书由王庆桦老师统稿。

虽然我们力求准确无误、不留缺憾，但由于时间仓促，书中的内容仍难免包含不足之处，恳请专家、老师和读者批评指正。

编 者

项目 1 　认识 HTML5 ……………… 001
　项目概述 ………………………… 001
　项目导航 ………………………… 001
　任务 1.1 　HTML5+CSS3 网页设计
　　　　　　概述 ………………… 001
　　任务目标 ……………………… 001
　　任务准备 ……………………… 002
　　1.1.1 　认识网页 ……………… 002
　　1.1.2 　HTML5 简介 ………… 003
　　1.1.3 　CSS 层叠样式表 ……… 005
　　1.1.4 　JavaScript 简介 ……… 005
　　1.1.5 　浏览器及浏览器内核 … 006
　任务 1.2 　网页设计工具 ………… 008
　　任务目标 ……………………… 008
　　任务准备 ……………………… 008
　　1.2.1 　前端开发的工具 ……… 008
　　1.2.2 　WebStrom 使用 ……… 009
　　任务实施 ……………………… 011
　任务 1.3 　自适应网页设计 ……… 017
　　任务目标 ……………………… 017
　　任务准备 ……………………… 017
　　1.3.1 　响应式布局设计 ……… 017
　　1.3.2 　响应式网页部署 ……… 018
　　任务实施 ……………………… 019
　项目总结 ………………………… 021
项目 2 　使用 HTML5 基本标签 …… 022
　项目概述 ………………………… 022
　项目导航 ………………………… 022

　任务 2.1 　"古诗词鉴赏"导航栏
　　　　　　页面制作 …………… 023
　　任务目标 ……………………… 023
　　任务准备 ……………………… 023
　　2.1.1 　HTML 文件的基本
　　　　　　结构 ………………… 023
　　2.1.2 　HTML5 基本结构 …… 023
　　2.1.3 　HTML5 新增标签 …… 024
　　2.1.4 　HTML5 废弃标签 …… 024
　　2.1.5 　HTML5 废弃属性 …… 025
　　2.1.6 　基础标签 ……………… 025
　　2.1.7 　文本格式化标签 ……… 027
　　任务实施 ……………………… 032
　任务 2.2 　"诗人与古诗大全"页面
　　　　　　制作 ………………… 034
　　任务目标 ……………………… 034
　　任务准备 ……………………… 034
　　2.2.1 　有序列表 ……………… 034
　　2.2.2 　无序列表 ……………… 035
　　2.2.3 　定义列表 ……………… 035
　　任务实施 ……………………… 036
　任务 2.3 　"诗词详情"页面制作 … 039
　　任务目标 ……………………… 039
　　任务准备 ……………………… 039
　　2.3.1 　图像标签 ……………… 039
　　2.3.2 　范围标签 span ………… 042
　　2.3.3 　超链接标签 a ………… 042
　　2.3.4 　div 标签 ……………… 044

任务实施 …………………… 044
　　项目总结 ………………………… 048
**项目 3　表格与表单应用** …………… 049
　　项目概述 ………………………… 049
　　项目导航 ………………………… 049
　　任务 3.1　制作校园学生论坛网站 … 050
　　　任务目标 …………………… 050
　　　任务准备 …………………… 050
　　　3.1.1　表格的基本语法 …… 050
　　　3.1.2　跨行跨列 …………… 061
　　　任务实施 …………………… 063
　　任务 3.2　制作论坛登录页面 …… 069
　　　任务目标 …………………… 069
　　　任务准备 …………………… 070
　　　3.2.1　表单的基本语法 …… 070
　　　3.2.2　基本元素介绍 ……… 071
　　　任务实施 …………………… 076
　　任务 3.3　制作论坛注册页面 …… 079
　　　任务目标 …………………… 079
　　　任务准备 …………………… 079
　　　3.3.1　<datalist>元素 …… 079
　　　3.3.2　HTML5 新增 input 类型
　　　　　　 与属性 ……………… 080
　　　任务实施 …………………… 085
　　项目总结 ………………………… 089
**项目 4　HTML5 音视频标签** ……… 090
　　项目概述 ………………………… 090
　　项目导航 ………………………… 090
　　任务 4.1　制作论坛音乐分区 …… 090
　　　任务目标 …………………… 090
　　　任务准备 …………………… 091
　　　4.1.1　<audio>标签 ……… 091
　　　4.1.2　<source>标签 ……… 091
　　　任务实施 …………………… 092
　　任务 4.2　制作论坛视频欣赏分区 … 095
　　　任务目标 …………………… 095
　　　任务准备 …………………… 095
　　　4.2.1　<video>标签 ……… 095
　　　4.2.2　<track>标签 ……… 097

　　　任务实施 …………………… 098
　　项目总结 ………………………… 102
**项目 5　CSS3 基础应用** …………… 103
　　项目概述 ………………………… 103
　　项目导航 ………………………… 103
　　任务 5.1　CSS 基本知识 ………… 103
　　　任务目标 …………………… 103
　　　任务准备 …………………… 104
　　　5.1.1　CSS 样式表创建 …… 104
　　　5.1.2　基本语法 …………… 106
　　　任务实施 …………………… 107
　　任务 5.2　选择器 ………………… 109
　　　任务目标 …………………… 109
　　　任务准备 …………………… 109
　　　5.2.1　常用选择器 ………… 109
　　　5.2.2　CSS3 新增选择器 …… 114
　　　任务实施 …………………… 120
　　项目总结 ………………………… 129
**项目 6　CSS3 美化网页** …………… 130
　　项目概述 ………………………… 130
　　项目导航 ………………………… 130
　　任务 6.1　CSS 核心属性 ………… 131
　　　任务目标 …………………… 131
　　　任务准备 …………………… 131
　　　6.1.1　字体属性 …………… 131
　　　6.1.2　文本属性 …………… 135
　　　6.1.3　列表属性 …………… 139
　　　6.1.4　文本溢出 …………… 141
　　　6.1.5　背景图像 …………… 145
　　　6.1.6　类型转换 …………… 149
　　　6.1.7　指针属性 …………… 151
　　　任务实施 …………………… 152
　　任务 6.2　浮动与定位 …………… 159
　　　任务目标 …………………… 159
　　　任务准备 …………………… 159
　　　6.2.1　浮动属性 …………… 159
　　　6.2.2　定位属性 …………… 162
　　　任务实施 …………………… 165
　　任务 6.3　边框属性 ……………… 168

## 目 录

　　　　任务目标 ·················· 168
　　　　任务准备 ·················· 168
　　　　6.3.1　盒子模型 ·············· 168
　　　　6.3.2　边框属性 ············· 172
　　　　任务实施 ·················· 179
　　任务 6.4　自适应属性 ············ 186
　　　　任务目标 ·················· 186
　　　　任务准备 ·················· 186
　　　　6.4.1　宽高自适应 ············ 186
　　　　6.4.2　屏幕自适应 ············ 188
　　　　任务实施 ·················· 189
　　项目总结 ····················· 195
项目 7　CSS3 过渡变形与动画 ········· 196
　　项目概述 ····················· 196
　　项目导航 ····················· 196
　　任务 7.1　CSS3 过渡 ············· 197
　　　　任务目标 ·················· 197
　　　　任务准备 ·················· 197
　　　　7.1.1　transition-property 属性 ···· 197
　　　　7.1.2　transition-duration 属性 ···· 197
　　　　7.1.3　transition-timing-function
　　　　　　　属性 ·················· 198
　　　　7.1.4　transition-delay 属性 ····· 199
　　　　7.1.5　transition 属性 ·········· 200
　　　　任务实施 ·················· 202
　　任务 7.2　CSS3 变形 ············· 206
　　　　任务目标 ·················· 206
　　　　任务准备 ·················· 207
　　　　7.2.1　transform 属性 ········· 207
　　　　7.2.2　transform-origin 属性 ···· 212
　　　　7.2.3　3D 变形其他属性 ······· 214
　　　　任务实施 ·················· 215
　　任务 7.3　动画 ················ 224
　　　　任务目标 ·················· 224

　　　　任务准备 ·················· 224
　　　　7.3.1　@keyframes ··········· 225
　　　　7.3.2　animation ············ 225
　　　　任务实施 ·················· 227
　　项目总结 ····················· 231
项目 8　绘图与数据存储 ············· 232
　　项目概述 ····················· 232
　　项目导航 ····················· 232
　　任务 8.1　JavaScript 概述 ········· 232
　　　　任务目标 ·················· 232
　　　　任务准备 ·················· 233
　　　　8.1.1　JavaScript 引入 ········· 233
　　　　8.1.2　JavaScript 基础知识 ····· 233
　　　　8.1.3　函数 ················ 234
　　　　8.1.4　Document 对象 ········ 235
　　　　8.1.5　DOM 事件机制 ········ 238
　　　　任务实施 ·················· 239
　　任务 8.2　Canvas ··············· 246
　　　　任务目标 ·················· 246
　　　　任务准备 ·················· 246
　　　　8.2.1　Canvas 概述 ··········· 246
　　　　8.2.2　Canvas 绘制基本图形 ···· 247
　　　　8.2.3　绘制渐变图形 ········· 250
　　　　8.2.4　绘制变形图形 ········· 252
　　　　8.2.5　SVG ················ 253
　　　　任务实施 ·················· 254
　　任务 8.3　数据存储 ············· 258
　　　　任务目标 ·················· 258
　　　　任务准备 ·················· 259
　　　　8.3.1　Cookie ·············· 259
　　　　8.3.2　Web Storage ·········· 259
　　　　任务实施 ·················· 260
　　项目总结 ····················· 262
参考文献 ························ 263

# 项目 1 认识 HTML5

学习任何事之前都需要对所学的内容有整体性了解，学习 HTML 网页制作也不例外，在正式学习如何使用 HTML5+CSS3 制作页面之前，需要先了解什么是网页、网页以什么为载体呈现、使用什么工具设计网页程序，同时需要熟悉浏览器使用的不同内核，打好基础才能高效地学习和工作。

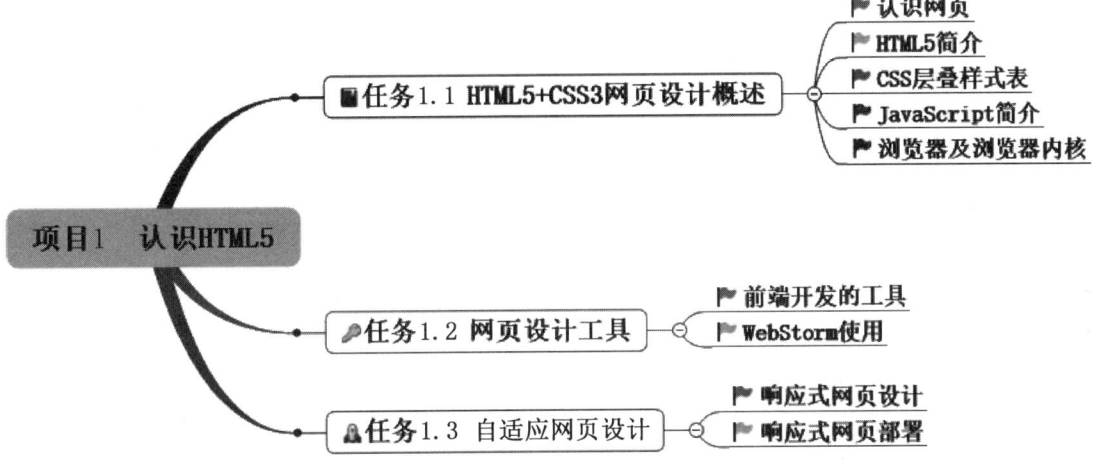

## 任务 1.1 HTML5+CSS3 网页设计概述

### 任务目标

本任务是学习网页设计的基础，在该任务中主要需要了解什么是网页，静态网页和动态网页的区别，了解什么是 CSS 层叠样式表，CSS 的功能，了解什么是 JavaScript，熟悉市面上流行的浏览器及对应内核。

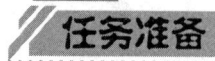

### 1.1.1 认识网页

**1. 什么是网页**

网页是指承载网站的应用平台，是构成网站的基本元素。每个网站都由多个网页组成，网站是一种交流沟通的工具，可通过使用网站发布或查找信息。例如，公司官网由公司简介页、新闻页、业务范畴页、公司荣誉页等网页组成。

网页本质是一个文件，由超文本标记语言（HTML）编写而成。HTML 文本是由 HTML 命令组成的描述性文本，HTML 命令可以说明文字、图形、动画、声音、表格、链接等。

**2. 网页分类**

网页可以分为静态网页和动态网页两种，其中静态网页又称为平面页，静态网页是标准 HTML 文件，通常以.html 或.htm 作为扩展名，静态网页具有以下特点：

- 拥有固定的 URL 地址且每个地址都以.html、.htm 或.shtml 作为后缀。
- 在服务器中作为真实的文件出现，且每个网页都是一个独立的文件。
- 内容稳定，易被搜索引擎检索。
- 没有数据库支持，网站信息量较大时完全依靠静态网页制作，网站制作维护工作量大。
- 静态网页交互性差，功能有较大限制。
- 无须连接数据库，浏览速度快。
- 对服务器压力较小，降低了数据库成本。

动态网页是指内容能够根据不同情况动态变更的网页，动态网页除需要设计网页外，还需要通过后台程序和数据库使网页能够根据实际情况在不需要更改页面代码的情况下动态更新数据，动态网页具有以下特点：

- 可实现用户注册、信息发布、订单管理等交互性功能。
- 浏览器发出访问请求后反馈网页，不是独立存储于服务器中的网页文件。
- 包含服务器端程序。
- 需要与数据库进行交互，访问速度慢于静态网页。
- 动态网页存在特殊代码，不易被浏览器检索。

**3. Web 标准及网页组成**

Web 标准又称网页标准，该标准大部分由 W3C（万维网联盟，是对网络标准制定的一个非赢利组织）负责制定和一些其他组织的标准组成，如 ECMA 的 ECMAScript 标准等。网页主要由三部分组成，即结构、表现和行为，对应这三个部分制定了三种不同的标准，如图 1-1 所示。

（1）结构标准

结构标准中主要制定了设计页面结构语言的标准，包括 HTML、XHTML、XML 三种。

① HTML。HTML 全称为 Hypertext Marked Language（超文本标记语言）。超文本是一种信息组织方式，能够通过超链接将图片、音频、视频、动画等信息媒体相关联，这些媒体内容可以分布在世界各地不同的计算机中，为查找和检索信息提供帮助，并且能够实现各文件之间的跳转，与其他地理位置不同的主机中存储的文件相连接，标记是指采用一些指令符

号控制输出的结果,指令符使用"<标签名>"的形式表示。

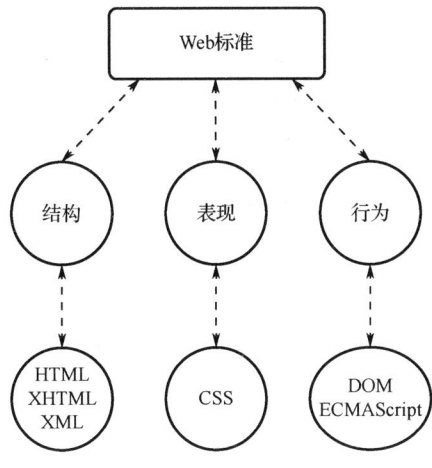

图1-1 三部分标准

② XHTML。XHTML 是 HTML 向 XML 过渡的过渡语言,废弃了部分表现层标签,其标准更高、结构更严谨,所有标签必须关闭。

③ XML。XML 全称为 EXtensible Markup Language(扩展标记语言),是一种类似于 HTML 的标记语言,弥补了 HTML 的部分不足,通过自身强大的可扩展性满足网络信息发布的需求和网络数据的转换与描述。XML 与 HTML 的主要差异如下:

● XML 与 HTML 为不同任务及目的设计,并不是替代关系。
● XML 用于存储数据和传输数据,HTML 用于显示数据。

(2)表现标准

表现标准主要定义了用于调整页面外观表现样式语言的标准,其主要为 CSS,全称为 Cascading Style Sheets(层叠式样式表),W3C 通过指定 CSS 标准的形式使用 CSS 取代 HTML 布局及其他用于设计页面表现形式的语言,通过 CSS 可以使页面标签的结构更为美观。

(3)行为标准

行为是指页面能够与用户产生交互性动作,并能够根据用户的操作改变页面结构或者表现形式,该标准主要包含 DOM 和 ECMAScript 两种。

① DOM。DOM 全称为 Document Object Model(文档对象模型),DOM 提供了与浏览器、平台和语言的接口,是一种中立于平台和语言的接口,允许程序员和脚本动态访问、更新文本内容和结构样式。

② ECMAScript。ECMA 国际是一家国际性会员制度的信息和电信标准组织,ECMAScript 则是由 SCMA 通过 ECMA-262 标准化的脚本程序设计语言。JavaScript 语言就是以 ECMAScript 为标准设计的。

## 1.1.2 HTML5 简介

HTML 是由 Web 的发明者 Tim Berners-Lee 和同事 Daniel W. Connolly 于 1990 年创立的一种标记语言,能够在各种操作系统平台(UNIX、Linux、Windows 等)运行。HTML 发展至

今经历了很长的时间,并且自 1990 年以来,HTML 就一直被用作万维网的信息表示语言。HTML5 如图 1-2 所示。

图 1-2　HTML5

### 1. HTML 发展史

任何事情都不是一蹴而就的,HTML 同样经历了时间的积累,才逐渐演化成了 HTML5 标准,这个过程中经历了多个版本的迭代。

- HTML1.0:由互联网工程组于 1993 年发布,这时的 HTML 并非一个拥有共同标准的标准版。
- HTML2.0:1995 年 11 月在 HTML1.0 的基础上丰富了标记,于 2000 年 6 月宣布过时。
- HTML3.2:针对之前的版本进行改进,并在 1996 年 1 月 4 日提出的规范,W3C 的推荐标准,着重提高了兼容性。
- HTML4.0:1997 年 12 月 18 日推出,W3C 的推荐标准,HTML4.0 将文档结构与样式进行了分离,实现了更灵活地控制表格。
- HTML4.01:于 1999 年提出,对基础 HTML4.0 进行了小范围的升级。虽然 HTML4.01 正处于 HTML 发展最为迅速的时期,但同时被业界普遍认为进入了瓶颈期。并且 W3C 也开始将精力放到了 Web 标准向 XHTML1.0 的转变上。
- XHTML1.0:W3C 组织在 2000 年提出,结合了大部分 HTML 的简单特性和 XML 中强大的功能。
- XHTML2.0:该版本是一个完全模块化定制的 XHTML 版本,由于 HTML5 的兴起,XHTML2.0 工作组被要求停止工作。2004 年,众多浏览器厂商联合成立了名为 WHATWG 的工作组,专注于 Web 表单和应用程序的开发。此时的 W3C 仍然致力于 XHTML2.0 的开发,2006 年,W3C 重新组建了 HTML 工作组,采纳了 WHATWG 的意见,并于 2008 年发布了 HTML5。因为 HTML5 具有较强的解决实际问题的能力,在未正式定稿的情况下就已经被各大浏览器厂商所支持,为之后的持续完善提供了帮助。2014 年 10 月,W3C 组织宣布历经 8 年的努力,HTML5 标准规范终于定稿。

### 2. HTML5 的优点

(1) 取消过时标签,新增一些标签

HTML5 诞生以后,为了简化和美化代码,取消了一些不常用的标签,在取消无用标签的同时新增了一些标志性的标签,现在可以通过 HTML5 中的头部标签<header>来定义,不再需要定义 div 标签之后再给 div 添加一个 Class 或者 ID 标签,HTML5 中添加这些标签的原因是要改善文档的结构性功能。

(2) 解决浏览器兼容问题

在 HTML5 诞生之前,制作的界面根据浏览器的不同,显示的效果也不太一样,为了能在每个浏览器中看到一样的效果，HTML5 诞生了，HTML5 分析了各个浏览器所使用的内核和它们所具备的功能，根据这些功能和需求制定了浏览器都可以使用的规范，从而达到浏览器兼容的问题。

（3）代码化繁为简

HTML5 作为当下流行的语言，已经尽可能地简化了，严格遵循"简单至上"的原则，主要体现为以下几点：

- 简化的 DOCTYPE。
- 字符集声明。
- 以浏览器原生能力替代复杂的 JavaScript。
- 简单而强大的 API。

### 1.1.3 CSS 层叠样式表

CSS 即层叠样式表（Cascading StyleSheet）。在网页制作时采用层叠样式的技术，可以有效地对页面的布局、字体、颜色、背景和其他效果进行更精确的控制。CSS3 是 CSS 技术的升级版本。CSS3 将完全向后兼容，网络浏览器将继续支持 CSS。CSS3 如图 1-3 所示。

CSS3 的特点如下：
- 更加灵活地控制网页中文字的字体、颜色、大小、间距、位置。
- 灵活地设置一段文本的行高、缩进，并可以为其加入三维效果的边框。
- 方便为网页中任何元素设置不同的背景颜色和背景图像。
- 精确地控制网页中各元素的位置。
- 为网页中的元素设置各种过滤器，从而产生阴影、模糊、透明等效果。
- 与脚本语言相结合，从而产生各种动态效果。

图 1-3　CSS3

### 1.1.4 JavaScript 简介

JavaScript 由 Netscape 公司的 Brendan Eich（布兰登·艾奇）于 1995 年在网景导航者浏览器上首次设计实现而成，最初命名为 LiveScript，因当时 Netscape 公司正与 Sun 公司合作，Netscape 公司管理层希望它外观看起来像 Java，因此更名为 JavaScript，与 Java 并无实质性的关系，实际上与 Self 及 Scheme 的语法风格较为接近。JavaScript 是一种解释型或即时编译型脚本语言，主要应用于网页中。HTML 定义了网页的内容，CSS 定义了网页的布局，JavaScript 则定义了网页的行为，可用于网页和用户交互功能的实现，目前市面上大部分浏览器均对 JavaScript 有良好的支持。JavaScript 能够及时响应页面浏览者的操作，控制页面的表现及行为，提高用户体验。它是前端开发者必须掌握的语言之一。JavaScript 如图 1-4 所示。

JavaScript 能够内嵌到 HTML 页面中，通过浏览器内置的 JavaScript 引擎直接编译，控制浏览器的行为。如表单验证，直接对浏览器中用户数据的信息进行表单验证，用户只有填写格式正确的内容后才能够提交表单，避免了因表单填写错误导致的反复提交，节省了时间和网络资源，如用户注册、登录等都是表单验证，表单验证如图 1-5 所示。

图 1-4　JavaScript

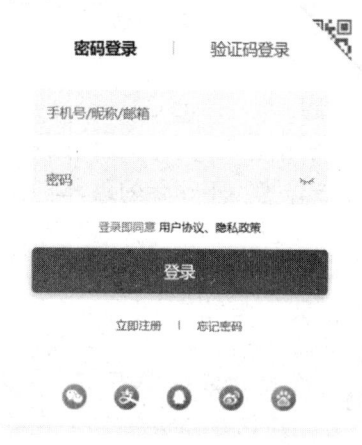

图 1-5　表单验证

## 1.1.5　浏览器及浏览器内核

**1. 浏览器**

浏览器是一个能够用来检索、展示及传递 Web 信息资源的应用程序，Web 信息资源可以是一个网页、一个媒体文件或任何可在 Web 上呈现的内容。市面上使用较为广泛的浏览器包括谷歌浏览器（Chrome）、IE 浏览器（IE）、火狐浏览器（Firefox）、Safari 和 Opera 浏览器等。

（1）谷歌浏览器（Chrome）

Chrome 是一款设计简单且高效的 Web 浏览工具，由 Google 公司于 2008 年发布，其优点是简洁、快速、安全。这款浏览器支持多标签浏览，每个标签相互独立，一个页面崩溃不会影响其他页面，并且提供 50 种语言版本，支持 Windows、macOS、Linux、Android、iOS 等系统。谷歌浏览器如图 1-6 所示。

（2）IE 浏览器

IE 浏览器全称为 Internet Explorer，由微软公司在 1995 年 8 月 16 日推出，IE6 及之前的版本名为 Microsoft Internet Explorer，IE7 之后的版本更名为 Windows Internet Explorer，2015 年 3 月，微软公司宣布放弃 IE 品牌，转而在 Windows10 上使用 Microsoft Edge 取代 Internet Explorer。2021 年 5 月 20 日，微软正式宣布停止了对 IE 浏览器的支持，IE 将于 2022 年 6 月 15 日正式退役。IE 浏览器如图 1-7 所示。

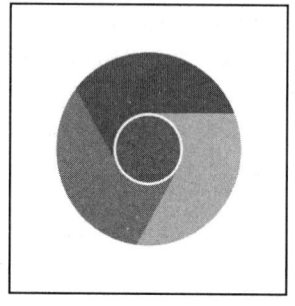

图 1-6　谷歌浏览器

图 1-7　IE 浏览器

（3）火狐浏览器（Mozilla Firefox）

火狐浏览器中文名火狐，是一款由 Mozilla 基金会开发的开源的网页浏览器，火狐浏览器共有两个版本，快速发布版和延长支持版（ESR），两者的区别在于快速发布版每 4 周更新一次，延长支持版每 42 周更新一次，由于火狐浏览器为开源浏览器，因此还有一些第三方编译版供用户使用，如 pcxFirefox、苍月浏览器、tete009 等。火狐浏览器如图 1-8 所示。

（4）Safari 浏览器

Safari 由苹果公司于 2003 年 1 月 7 日发行，首次应用于 mac OS X v10.3 系统上，是苹果公司产品的默认浏览器，后于 2007 年 6 月 11 日发布兼容 Windows 的首个测试版。Safari 浏览器的特点是使用了苹果公司自己开发的内核。Safari 浏览器如图 1-9 所示。

（5）Opera 浏览器

Opera 浏览器是由挪威 Opera Software ASA 公司制作的一款支持多页面标签式跨平台浏览器，支持如 Windows、Linux、macOS、FreeBSD、Solaris、BeOS、OS/2、QNX 等操作系统。Opera 浏览器的性能优越、体积小巧，拥有比其他浏览器更好的标准兼容性，得到了用户和业界人员的承认。Opera 浏览器如图 1-10 所示。

  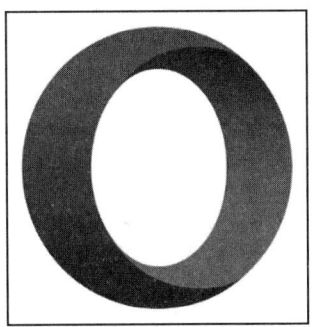

图 1-8  火狐浏览器　　　　图 1-9  Safari 浏览器　　　　图 1-10  Opera 浏览器

2．浏览器内核

浏览器内核又称渲染引擎或排版引擎，是浏览器的核心部分，主要负责对网页的语法进行解释渲染。不同的浏览器内核对网页编写的语法解释也不同，所以同一个网页在不同的浏览器中最终渲染效果也不同，各类内核说明如下所示。

（1）Trident

Trident 是由微软公司于 1997 年推出的排版引擎，并首次在 IE4 中使用。Trident 是一款开放的内核，接口设计成熟，因此许多浏览器都开始使用该内核。

（2）Webkit

Webkit 是一个开源的浏览器引擎，是苹果公司 Safari 浏览器的内核，Webkit 的优势在于高效稳定、兼容性优异且代码结构清晰，易于维护。

（3）Blink

Blink 是一个由 Google 公司主导开发的开源浏览器排版引擎，Blink 内核是 Webkit 内核的一个分支。

（4）Gecko

Gecko 是 Mozilla 开发的开源排版引擎，使用 C++编写而成。Gecko 最初由网景通信公司开发，后正式交由 Mozilla 基金会维护。这套排版引擎提供了一个丰富的程序界面以供互联网相关的应用程序使用，如网页浏览器、HTML 编辑器、客户端/服务器等。

主流浏览器所使用的内核如表 1-1 所示。

表 1-1　主流浏览器使用的内核

| 浏　览　器 | 内　　核 |
| --- | --- |
| 火狐浏览器（Firefox） | Gecko |
| IE 浏览器 | Trident |
| 谷歌浏览器（Chrome） | Webkit->Blink |
| Safari 浏览器 | Webkit |

## 任务 1.2　网页设计工具

### 任务目标

本任务主要讲解常用的网页设计工具，并重点简介 WebStrom 工具的功能、安装方法及项目创建方法，通过本任务的学习需要掌握使用 WebStorm 创建 HTML 项目的方法。

### 任务准备

#### 1.2.1　前端开发的工具

HTML5 本身是十分简单的，可是要制作一个精美的网页却不容易，这需要较长时间的实践。在这个过程中，除了要多做之外，还要多看，看别人的网页是怎么设计、制作的。有时，同一种网页效果可以采用多种方法来完成。

**1. Dreamweaver**

Dreamweaver 简称 DW，最初由 Macromedia 公司开发，2005 年被 Adobe 公司收购，DW 是一款所见即所得的网页代码编辑器，支持 HTML、CSS 及 JavaScript 程序的编写。Dreamweaver 软件如图 1-11 所示。

**2. Sublime Text**

Sublime Text 是名为 Jon Skinner 的程序员于 2008 年 1 月份所开发的先进的代码编辑器，且支持跨平台编辑，同时支持 Windows、Linux 等操作系统，具有美观的用户界面和强大的编辑功能，如语法检查代码补齐等。Sublime Text 软件如图 1-12 所示。

**3. HBuilder**

HBuilder 是基于 Eclipse 的由 DCloud（数字天堂）推出的 Web 开发 IDE，兼容了 Eclipse 插件，并且封装了手机硬件调用接口，如相机、扫描二维码、语音、地理位置等。HBuilder 具有完整的语法提示、代码输入法、代码块等优势，大幅提升了 HTML、JS、CSS 的开发效率。HBuilder 软件如图 1-13 所示。

项目 1 　认识 HTML5

图 1-11　Dreamweaver　　　　图 1-12　Sublime Text　　　　图 1-13　HBuilder

#### 4．WebStorm

WebStorm 是 JetBrains 旗下的一款强大的 JavaScript 代码编辑器，拥有体积小巧、功能强大等特点，支持 JavaScript、ECMAScript 6、TypeScript 等代码的编辑和辅助功能，支持多种框架和 CSS 语言，包括前端、后端、移动端及桌面应用，也可以无缝整合第三方工具，完全可以应付复杂的客户端开发和服务器端开发，本书中的代码均以 WebStorm 为开发工具进行编写。WebStorm 软件如图 1-14 所示。

图 1-14　WebStorm

### 1.2.2　WebStrom 使用

#### 1．WebStorm 整体结构

WebStorm 用户界面主要由 6 个逻辑区域组成，分别为菜单栏、导航栏、代码编辑区域、项目目录、状态栏、文件结构，如图 1-15 所示。

- 菜单栏：菜单栏中包含了 WebStorm 中的所有功能及命令，菜单以弹出的方式，有助于帮助用户更好地执行操作。
- 导航栏：导航栏用于快速定位已打开的文件。
- 代码编辑区域：代码编辑区域的主要功能为编辑项目代码。
- 项目目录：项目目录列出了当前项目中所包含的文件，以及文件结构展示。
- 文件结构：文件结构展示出了代码中的重要元素，如 HTML 中的标签、CSS 中的类等信息。
- 状态栏：显示 IDE 的执行状态。

#### 2．项目创建

之后创建项目可通过菜单栏中的"File"菜单下的"New"→"Project..."创建项目，创建流程如图 1-16 所示。

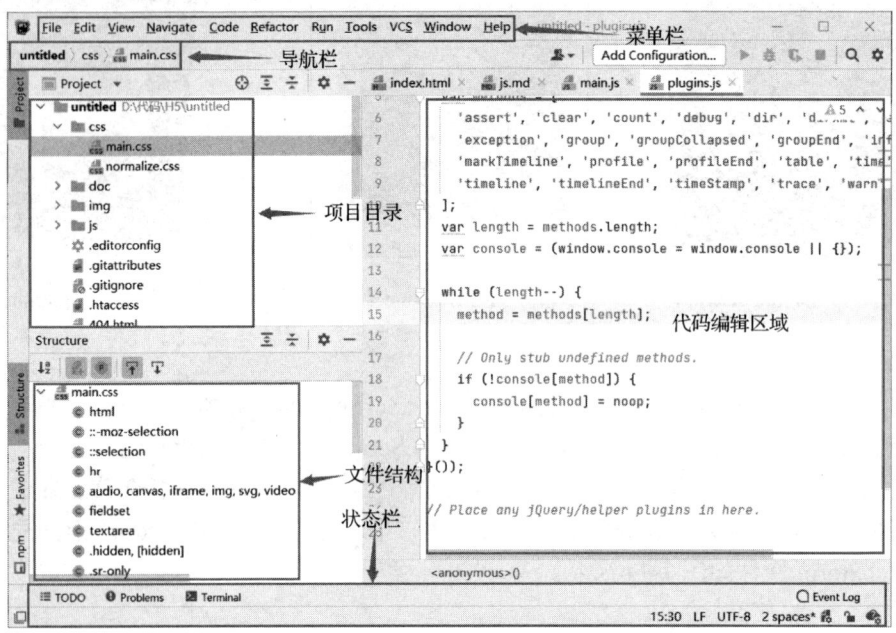

图 1-15　WebStorm 整体结构

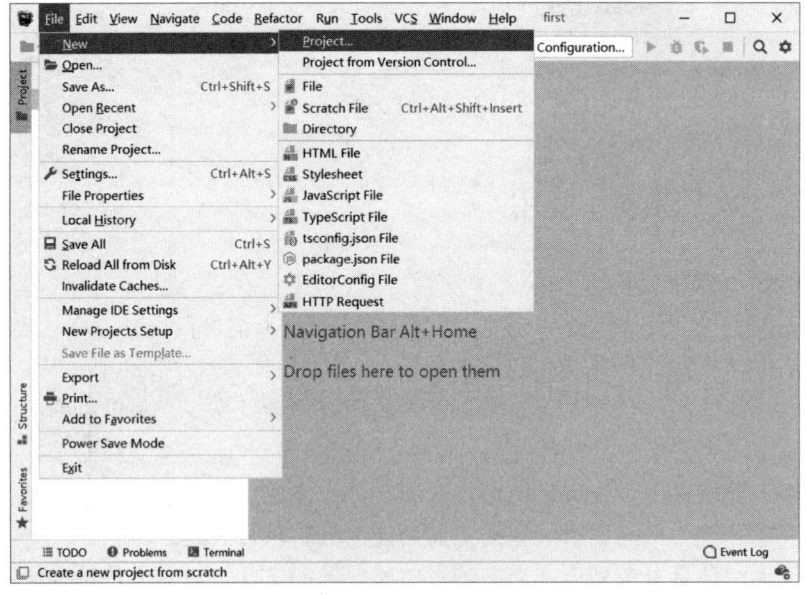

图 1-16　创建新项目

### 3．文件创建

WebStorm 可在项目根目录下创建目录、HTML、JavaScript 和 CSS 等类型的文件，创建方法为在需要创建文件或目录的位置右击鼠标选择"New"选项，在弹出的菜单栏中选择要创建的文件类型即可，如图 1-17 所示。

项目 1　认识 HTML5

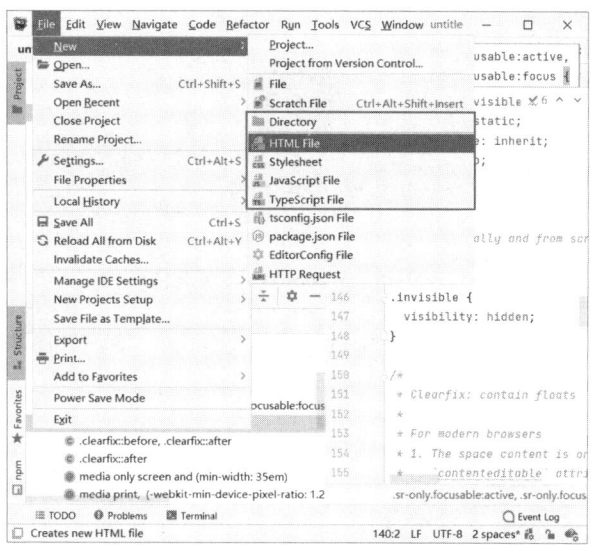

图 1-17　创建 "index.html"

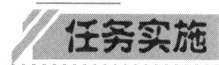

第一步：进入 WebStorm 官网，官方网址为 https://www.jetbrains.com/webstorm/，单击左下角的 "Download" 按钮，进行页面跳转后会自动下载，如图 1-18 所示。

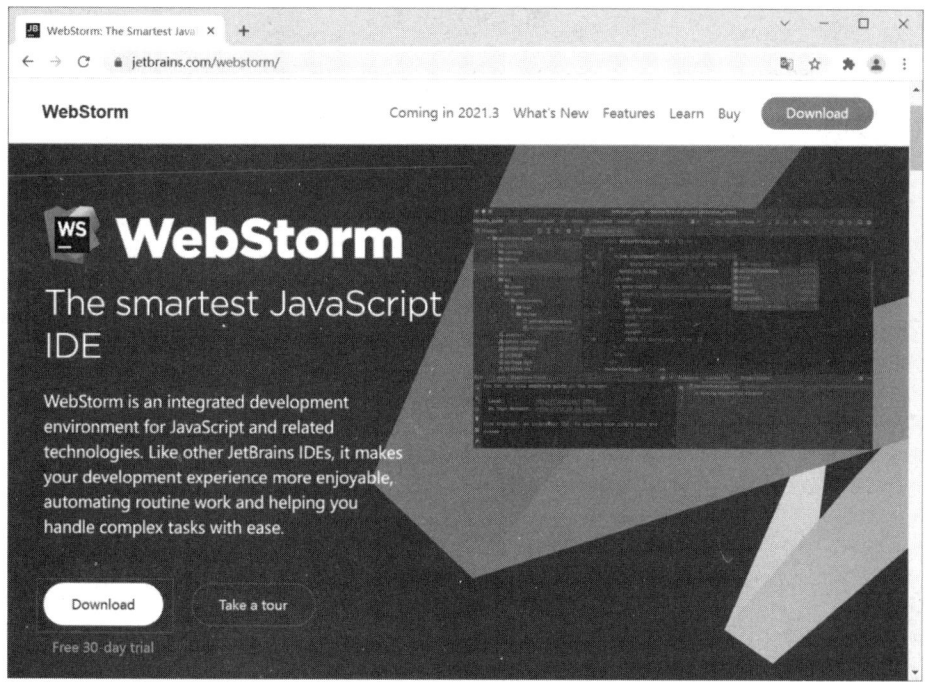

图 1-18　WebStorm 下载界面

第二步：找到 WebStorm 安装文件下载位置，双击打开进行安装导航，如图 1-19 所示。

图 1-19　WebStorm 安装文件

第三步：打开安装程序后，单击"Next"按钮继续下一步，如图 1-20 所示。

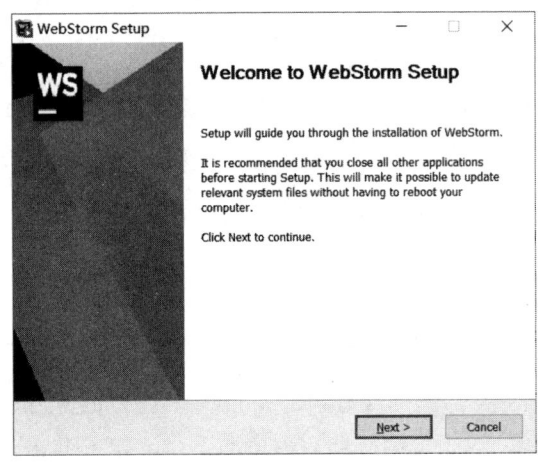

图 1-20　下一步

第四步：单击"Browse…"按钮选择软件安装路径，为不影响系统运行速度，建议安装到非 C 盘，如图 1-21 所示。

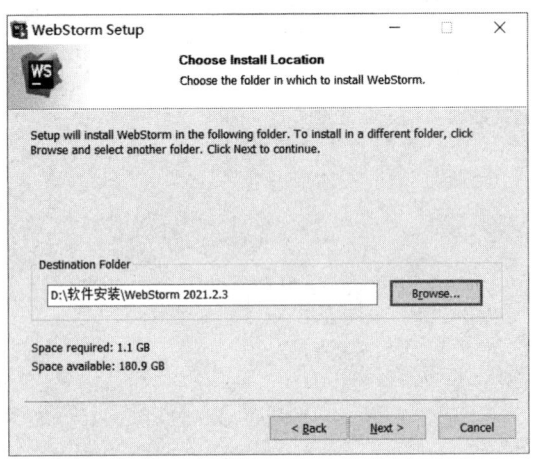

图 1-21　选择安装路径

第五步：选择创建桌面快捷方式（WebStorm）、选择以项目方式打开文件夹（Add"Open Folder as Project"）、选择在打开 JS、CSS、HTML 和 JSON 文件时使用 WebStorm，如图 1-22 所示。

# 项目 1　认识 HTML5

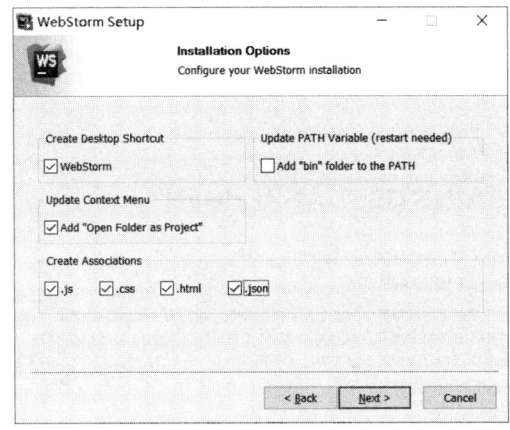

图 1-22　创建桌面快捷方式

第六步：选择在"开始"菜单中的位置（默认即可），单击"Install"按钮进行安装，如图 1-23 所示。

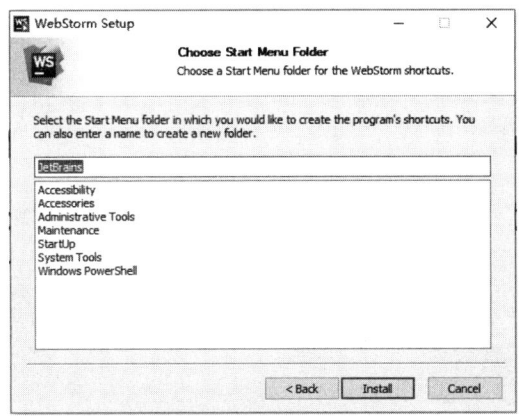

图 1-23　安装

第七步：等待安装完成，勾选"Run WebStorm"选项即运行 WebStorm，单击"Finish"按钮确认，如图 1-24 所示。

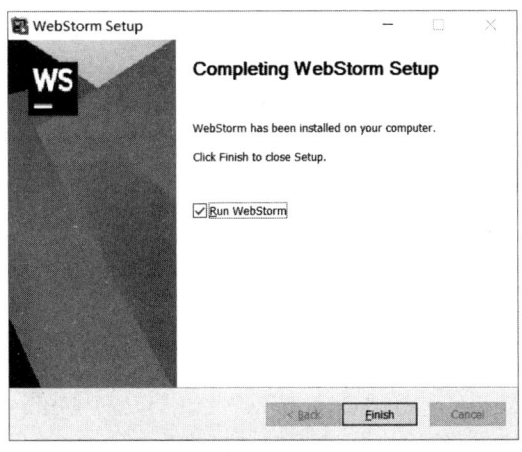

图 1-24　完成安装

第八步：选择同意 WebStorm 用户协议选项（"I cofirm that I have read and accept the terms of this User Agreement"），单击"Continue"按钮，如图 1-25 所示。

图 1-25  同意授权

第九步：进行 WebStorm 软件激活，由于更新问题，可在官方进行激活码的下载，如图 1-26 所示。

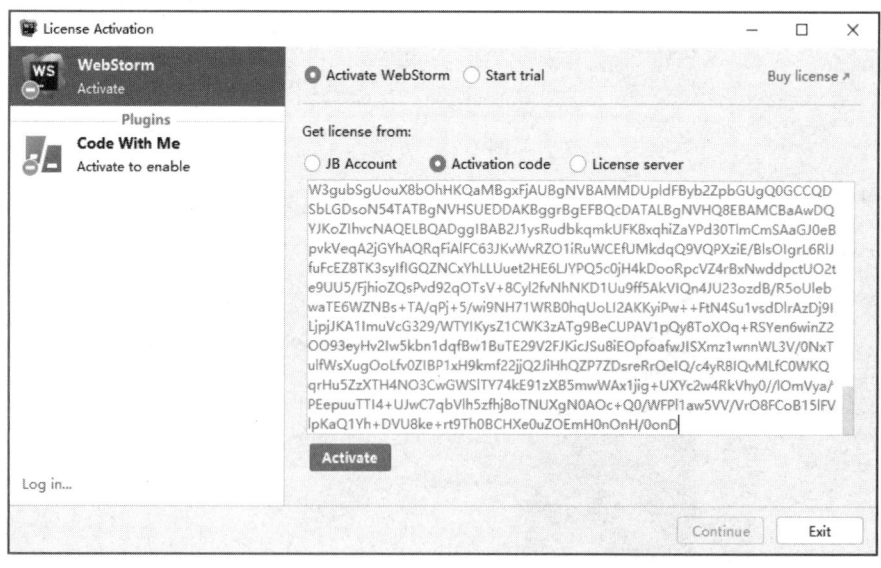

图 1-26  激活 WebStorm

第十步：运行 WebStorm，选择"Customize"选项卡在"Color theme"（色彩主题）处勾选"Sync with OS"（与操作系统同步），如图 1-27 所示。

项目 1　认识 HTML5

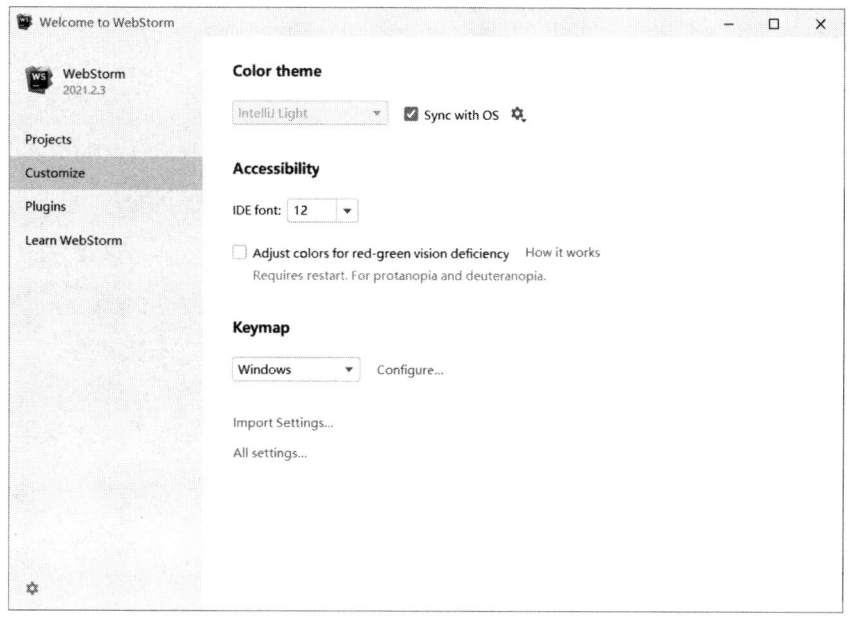

图 1-27　设置 WebStorm 主题

第十一步：单击左侧工具栏中的"Projects"标签，选择"New Project"选项，选择"Empty Project"创建空的项目，之后在"Location"处选择项目的保存位置及项目名称（项目名称为项目所在的目录名称）"first"，单击"Create"按钮创建项目，结果如图 1-28 所示。

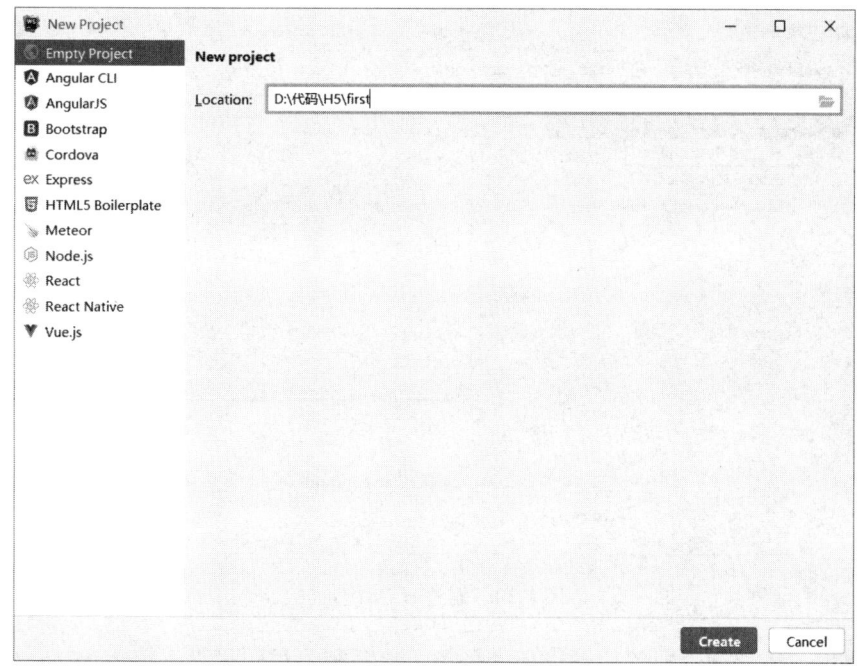

图 1-28　创建项目

第十二步：在项目名称上单击右键，依次选择"New"→"Directory"选项，创建名为"html"的目录，结果如图 1-29 所示。

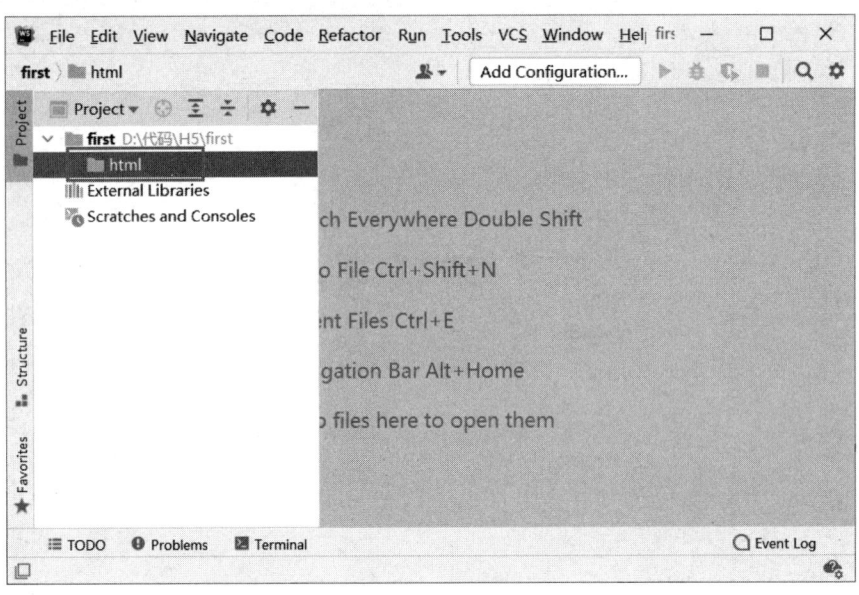

图 1-29　创建目录

第十三步：在"html"目录上单击右键，依次选择"New"→"HTML File"选项，创建名为"index"的 HTML 页面，类型选择"HTML 5 file"，完成后按回车键确定，结果如图 1-30 所示。

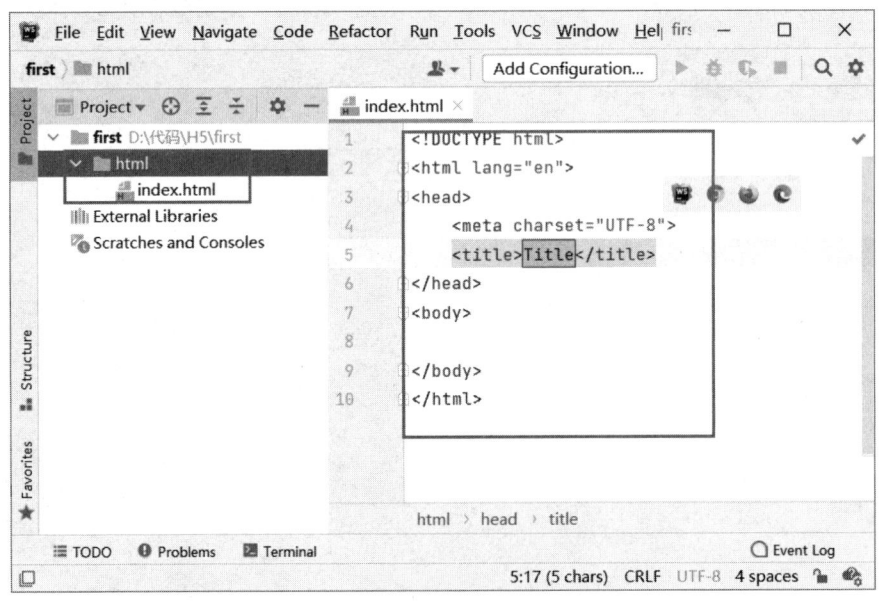

图 1-30　创建 HTML 页面

第十四步：在<body>标签内部输入"弘扬工匠精神，尽职尽责、精益求精、专心专注、勇于创新。"结果如图 1-31 所示。

第十五步：将光标移动到代码编辑区域，单击谷歌浏览器图标浏览结果，结果如图 1-32 所示。

项目 1　认识 HTML5

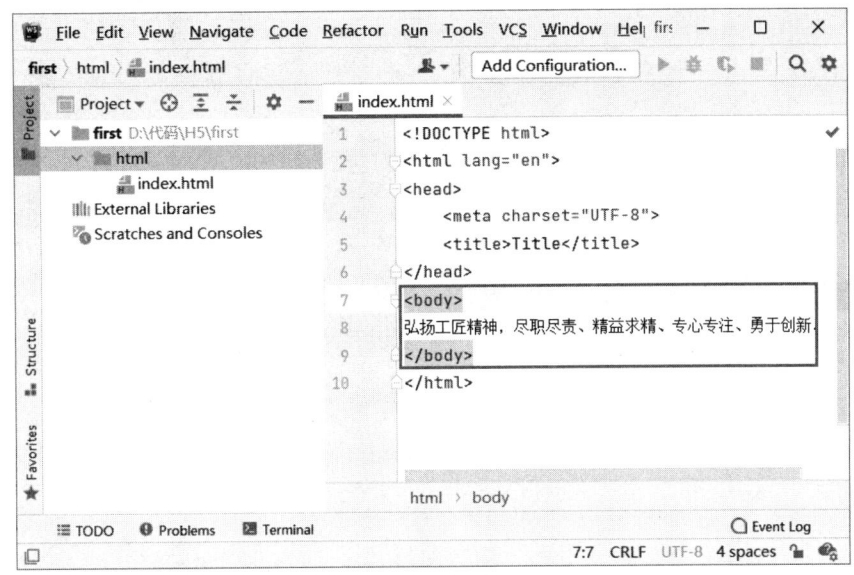

图 1-31　输入内容

弘扬工匠精神，尽职尽责、精益求精、专心专注、勇于创新。

图 1-32　页面结果

## 任务 1.3　自适应网页设计

### 任务目标

本任务是实现响应式页面布局和使用 Tomcat 服务器部署 HTML 项目，该部分主要讲解建设响应式布局的基本原则，比如不使用绝对宽度和<meta>标签实现响应式布局的属性。通过本任务的学习需要掌握如何构建响应式页面和使用 Tomcat 部署项目。

### 任务准备

当使用 WebStorm 进行网页编辑之后，打开浏览器就会看到想要的效果，随着智能手机的普及，设计的界面也需在手机端显示，为了能够在手机端正常显示，需要自动调整好网页宽度。

#### 1.3.1　响应式布局设计

1．加入元标签

在网页代码的头部，加入一行 viewport 元标签。

```
<meta name="viewport" content="initial-scale=1.0, maximum-scale=1.0, minimum-scale=1.0, user-scalable=yes, width=device-width"/>
```

其中：
- width=device-width 表示宽度是设备屏幕的宽度；
- initial-scale=1.0 表示初始的缩放比例；
- minimum-scale=1.0 表示最小的缩放比例；
- maximum-scale=1.0 表示最大的缩放比例；
- user-scalable=yes 表示用户是否可以调整缩放比例。

### 2．不使用绝对宽度

所谓不使用绝对宽度就是说 CSS 代码不能指定像素宽度，如 width:xxx px;。

只能指定百分比来定义列宽度，如"width: xx%;"或者"width:auto;"，或者使用最大宽度和最大高度（max-width、max-height）。

### 3．Media Query 模块

Media Query 模块可自动探测屏幕宽度，然后加载相应的 CSS 文件。

例如，"media="screen and (max-device-width: 300px)"href="tiny.css" />"表示如果屏幕宽度小于 300 像素（max-device-width: 300px），则加载 tiny.css 文件。"media="screen and (min-width: 300px) and (max-device-width: 600px)" href="small.css" />"表示如果屏幕宽度在 300 像素到 600 像素之间，则加载 small.css 文件。

### 4．@media 规则

@media 规则用于同一个 CSS 文件，根据不同的屏幕分辨率，选择不同的 CSS 规则。例如，"@media screen and (max-device-width: 400px) {.column {float: none;width:auto;}#sidebar {display:none;}}"表示如果屏幕宽度小于 400 像素，则 column 块取消浮动（float:none）、宽度自动调节（width:auto），sidebar 块不显示（display:none）。

## 1.3.2 响应式网页部署

Tomat 是 Apache 软件基金会中 Jakart 项目的核心项目，Tomcat 是一个开源轻量级 Web 应用服务器，主要应用于中小型系统和低并发的场景，因为 Tomcat 技术先进、性能稳定，而且免费，因而深受 Java 爱好者的喜爱并得到了部分软件开发商的认可，成为比较流行的 Web 应用服务器。Tomcat 服务器如图 1-33 所示。

图 1-33　Tomcat

下面介绍 Tomcat 端口配置。计算机中每个服务都有自己的端口，Tomcat 的端口默认为 8080，若默认端口与计算机中其他服务端口冲突会导致 Tomcat 服务无法启动，可通过修改 Tomcat 的配置文件"server.xml"中的默认端口，配置文件路径在 Tomcat 安装路径的"conf"目录中，例如，将默认端口"8080"改为"8081"，修改<Connector>标签中的 port 属性值即可。

## 任务实施

在 WebStorm 制作完之后，单击浏览器就能出现效果，要想在手机上访问，则不仅需要在头部添加响应式布局所对应的代码，还需配置服务器的环境（本处以 Tomcat8 为例进行说明）。

第一步：下载 Tomcat 软件，网址为 https://archive.apache.org/dist/tomcat/tomcat-8/v8.0.1/bin/apache-tomcat-8.0.1-windows-x64.zip，访问后会自动下载，完成后将 Tomcat 二进制包解压，结果如图 1-34 所示。

图 1-34　下载解压 Tomcat

第二步：下载 JDK，网址为 http://www.oracle.com/technetwork/java/javase/downloads/jdk8-downloads-2133151.html，选择"Windows"下载"jdk-8u311-windows-x64.exe"，下载完成后双击安装，安装选项默认即可。

第三步：配置环境变量，右击"此电脑"图标，选择"高级系统设置"→"环境变量"选项，在系统环境变量中新建变量名为"JAVA_HOME"，变量值为"C:\Program Files\Java\jdk1.8.0_311"的环境变量并单击"确定"按钮，新建变量名为"CLASSPATH"，值为".;%JAVA_HOME%\lib;%JAVA_HOME%\lib\tools.jar"的环境变量，单击"确定"按钮，结果如图 1-35 和图 1-36 所示。

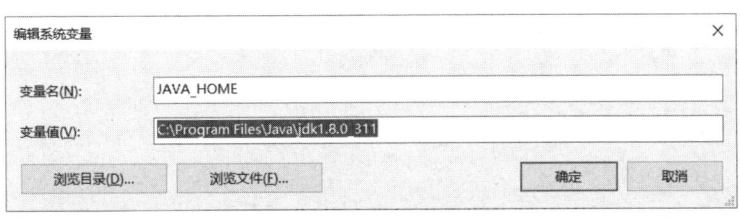

图 1-35　JAVA_HOME 环境变量

图 1-36　CLASSPATH 环境变量

配置完成后依次单击所有窗口的"确定"按钮完成配置，打开命令行窗口，输入"java -version"，结果如图 1-37 所示。

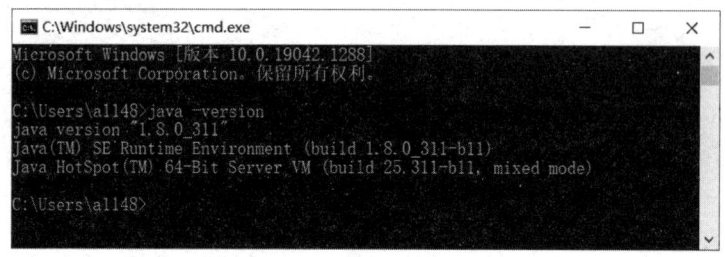

图 1-37　查看 JDK 版本

第四步：将名为"first"的项目复制到 Tomcat 安装目录下的"webapps"目录中，结果如图 1-38 所示。

图 1-38　复制项目到 Tomcat

第五步：将 Tomcat 端口修改为"1010"，使用记事本打开 Tomcat 中 conf 目录下的 server.xml 配置文件，将 Connector 标签中的 port 属性值改为"1010"后保存，双击 Tomcat 根目录中 bin 目录下的"startup.bat"启动 Tomcat，在浏览器地址栏中输入"http://127.0.0.1:1010/first/html/index.html"即可访问 Web 页面，结果如图 1-39 所示。

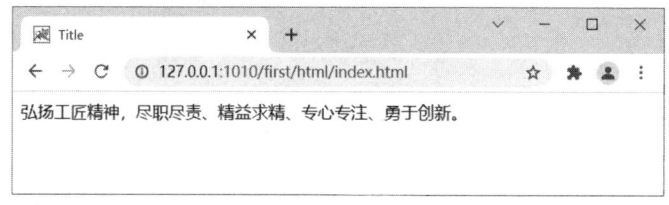

图 1-39　PC 端访问

第六步：服务器配置完成后，打开手机浏览器，输入链接"http://IP:1010/first/html/index.html"访问页面，结果如图1-40所示。

弘扬工匠精神，尽职尽责、精益求精、专心专注、勇于创新。

图1-40　手机访问页面

本项目主要讲解了HTML的基础知识，包含什么是网页、什么是HTML、什么是CSS及常用的页面设计工具WebStorm、Dreamweaver等，并介绍了如何创建一个自适应页面。通过软件安装、自适应页面创建和项目部署的实践讲解了项目创建和部署的方法。通过对该项目的学习，学生应对HTML有初步了解并能够实现项目的部署。

# 项目 2
# 使用 HTML5 基本标签

中国古诗词是中华民族的优秀文化遗产，是中华文化的重要载体，蕴含丰富的人民智慧。古诗词鉴赏网站是通过网站中对中国各朝代古诗词的翻译及创作背景的介绍使读者用心体悟作者所描绘的意境、传承优雅的古典汉语，展现中文独特魅力。本项目通过三个任务来制作古诗词鉴赏网站，使大家了解中国传统文化的博大精深，同时能够熟练掌握 HTML5 中基本标签的使用方法及学会基础的网页布局。

思政拓展
优秀文化遗产
展现中文独特魅力

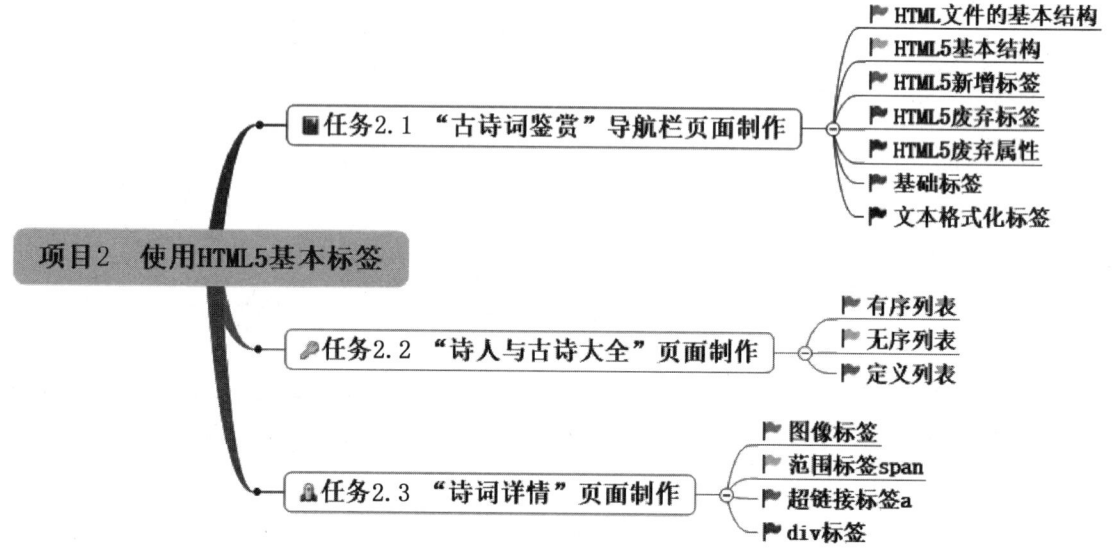

# 任务 2.1 "古诗词鉴赏"导航栏页面制作

## 任务目标

本任务是实现古诗词鉴赏的第一步，制作头部导航栏及 Logo 部分，该部分主要由基础标签和<div>标签组成，需要实现使用 div 对头部导航栏进行布局，并使用基础标签在页面中显示相应的导航内容，比如使用<h>标签控制导航字体大小。通过本任务的学习，需要了解 HTML 中基础标签和文本格式化标签的使用。

## 任务准备

### 2.1.1 HTML 文件的基本结构

每门语言都有自己特定的格式和规范，HTML 也不例外。HTML 文档的基本结构如下所示。

```
<!DOCTYPE html>
<html lang="en">
<head>
    <meta charset="UTF-8">
    <title>Title</title>
</head>
<body>

</body>
</html>
```

HTML5 文档结构中包括以下 4 个部分。
- <!DOCTYPE>用于向浏览器说明当前文档使用哪种 HTML 标签。
- <html>和</html>分别表示文档的开始和结束，用于告知浏览器其自身是一个 HTML 文档。
- <head></head>为头部标签，用于定义 HTML 文档的头部信息，紧跟在<html>标签之后，里面包括的内容有<title>、<meta>、<link>和<style>等。
- <body></body>为主体标签，用于定义 HTML 文档所要显示的内容，在浏览器中所看到的图片、音频、视频、文本等都位于<body>内。该标签中的内容是展示给用户看的。

### 2.1.2 HTML5 基本结构

HTML5 为了更加兼容各浏览器，在设计和语法方面发生了一些变化，语法变化的主要内容如下。
（1）标签不区分大小写。
（2）元素可以省略结束标签。
（3）允许省略属性的属性值。

（4）允许属性值不使用引号。

### 2.1.3 HTML5 新增标签

HTML5 和 HTML 以前版本相比，增加了结构标签、语义标签、特殊功能标签、audio 标签和 video 标签等。其中新增的标签如表 2-1 所示。

表 2-1 HTML5 新增标签

| 标　签 | 描　述 |
| --- | --- |
| &lt;article&gt; | 用于描述页面上一处完整的文章 |
| &lt;nav&gt; | 用于定义导航条，包括主导航条、页面导航、底部导航等 |
| &lt;aside&gt; | 用于定义当前页面的附属信息、内容和 article 内容相关 |
| &lt;hgroup&gt; | 用于对网页或区段（Section）的标题进行组合 |
| &lt;figure&gt; | 用于对元素进行组合 |
| &lt;header&gt; | 用于定义文档的页眉（介绍信息） |
| &lt;footer&gt; | 用于定义 Section 或 Document 的页脚 |

### 2.1.4 HTML5 废弃标签

HTML5 和 HTML 以前版本相比，废弃了部分表现标签与框架类标签，被废弃的表现标签可使用语义更为明确的标签或使用 CSS 代替达到更好的效果，被废弃的框架类标签因为其可用性及可访问性问题被移除，其中具体废弃的表现标签和框架类标签如表 2-2 和表 2-3 所示。

表 2-2 废弃的表现标签

| 标　签 | 描　述 |
| --- | --- |
| &lt;basefont&gt; | 定义默认字体颜色 |
| &lt;big&gt; | 呈现大号字体样式 |
| &lt;center&gt; | 文本以水平居中显示 |
| &lt;font&gt; | 规定文本的字体、大小及颜色 |
| &lt;s&gt; | 标记删除线文本 |
| &lt;strike&gt; | 定义加删除线的文本 |
| &lt;tt&gt; | 呈现类似打字机或者等宽的文本效果 |
| &lt;u&gt; | 定义下滑线文本 |

表 2-3 废弃的框架类标签

| 标　签 | 描　述 |
| --- | --- |
| &lt;frame&gt; | |
| &lt;frameset&gt; | 文档的内联框架 |
| &lt;noframes&gt; | |

## 2.1.5 HTML5 废弃属性

在移除了很多表现标签的同时,许多属性也被新规范移除,HTML5 中移除的属性如表 2-4 所示。

表 2-4 移除的属性

| 属 性 | 描 述 |
| --- | --- |
| align | 文档中的一部分对齐 |
| body | 废了 body 标签的 link、vlink、alink、text 属性 |
| bgcolor | 背景颜色属性 |
| height 和 width | HTML5 中建议使用 CSS 样式表获得更丰富的样式 |
| scrolling | iframe 元素上的 scrolling 属性 |
| valign | 规定单元格中内容的垂直排列方式 |
| hspace 和 vspace | 指定图像与文本之间的距离 |
| cellpadding | table 标签上的属性,指定表格单元格与内容之间的间距 |
| cellspacing | table 标签上的属性,指定相邻单元格边框的间距 |
| border | table 标签上的属性,指的是两个单元格之间的距离 |

## 2.1.6 基础标签

基础标签是用于组成一个最简单 HTML 页面的标签,<!DOCTYPR>、<html>、<head>、<title>、<body>都是基础标签,除此之外还有标题标签、段落标签、换行标签、水平线标签和注释标签,如表 2-5 所示。

表 2-5 基础标签

| 标 签 | 说 明 | 标 签 | 说 明 |
| --- | --- | --- | --- |
| <h1>to<h6> | 标题标签 | <p> | 段落标签 |
| <br> | 换行标签 | <wbr> | 换行标签 |
| <hr> | 水平线标签 | <!--...--> | 注释标签 |

### 1. 标题标签<h1> to <h6>

标题元素从 h1 到 h6 共 6 级。标题元素中包含的文本被浏览器渲染为"块"。在 HTML 中,定义了 6 级标题,分别为 h1、h2、h3、h4、h5、h6,每级标题的字体大小依次递减,1 级标题字号最大,6 级标题字号最小,标题文本全部加粗。

**实例 2-1**:在页面中使用<h1>到<h6>标签定义 6 级标题,效果如图 2-1 所示。

代码如下所示:

**HTML5 应用案例设计**

HTML5 应用案例设计

HTML5 应用案例设计

HTML5 应用案例设计

HTML5 应用案例设计

HTML5 应用案例设计

图 2-1 标题标签

```
<h1>HTML5 应用案例设计</h1>
<h2>HTML5 应用案例设计</h2>
<h3>HTML5 应用案例设计</h3>
<h4>HTML5 应用案例设计</h4>
<h5>HTML5 应用案例设计</h5>
<h6>HTML5 应用案例设计</h6>
```

### 2．段落标签\<p>

\<p>标签主要功能是定义段落，当网页中有文本，要插入一个新的段落时，可以使用该标签来表示。\<p>和\</p>之间的文本段落上下都会显示一个空行，一个\<p>标签相当于两个\<br>标签。

**实例 2-2**：在页面中使用\<p>标签显示一段文字，效果如图 2-2 所示。

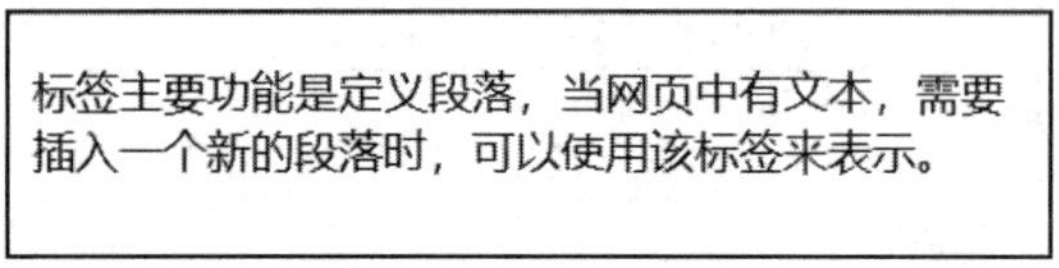

> 标签主要功能是定义段落，当网页中有文本，需要
> 插入一个新的段落时，可以使用该标签来表示。

图 2-2  段落标签

代码如下所示：

```
<p>标签主要功能是定义段落,当网页中有文本,需要插入一个新的段落时,可以使用该标签来表示。
```

### 3．水平线标签\<hr>

\<hr>标签主要用于在页面中显示水平线，\<hr>是一个单标签不需要结尾，主要用于对页面中的不同内容进行分割。

**实例 2-3**：使用水平线标签在页面中画出两条实线，两条实线间添加标题标签"团结奋进，永远争先"，效果如图 2-3 所示。

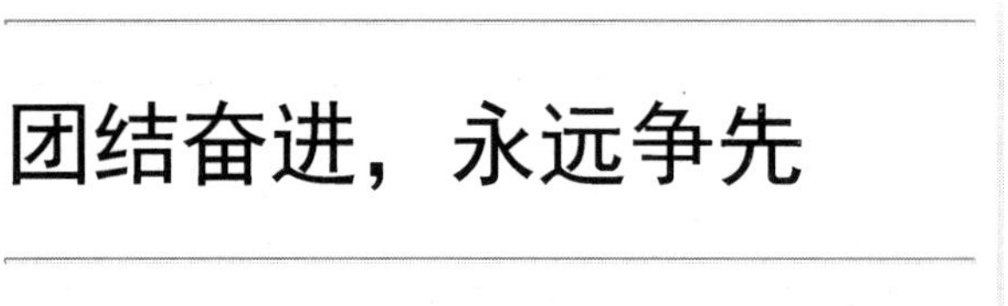

# 团结奋进，永远争先

图 2-3  水平线标签

代码如下所示：

```
<hr>
<h1>团结奋进，永远争先</h1>
<hr>
```

### 4．换行标签\<br>和\<wbr>

\<br>标签主要用于换行，使用该标签只能输入空行，不能分割段落。该标签是一个单标签，不能成对出现，没有开始和结束符号。

\<wbr>标签主要用于软换行，即在文本中添加该标签，如果该标签没有中断英文字母，则没有什么效果，当一行中英文部分放不下时，则在下面一行中显示出来。

**实例 2-4**：使用软换行和换行符，效果如图 2-4 所示。

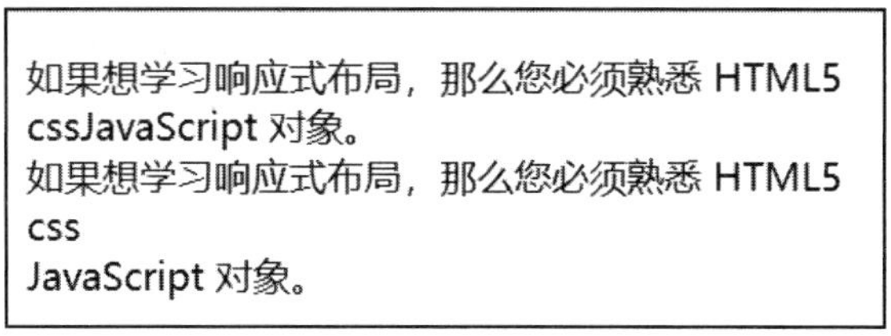

> 如果想学习响应式布局，那么您必须熟悉 HTML5
> cssJavaScript 对象。
> 如果想学习响应式布局，那么您必须熟悉 HTML5
> css
> JavaScript 对象。

图 2-4　换行标签

代码如下所示：

```
<p>
如果想学习响应式布局，那么您必须熟悉 HTML5 <wbr>css<wbr>JavaScript 对象。
<br>
如果想学习响应式布局，那么您必须熟悉 HTML5 <br>css<br>JavaScript 对象。
</p>
```

**5．注释标签<!--...-->**

注释标签主要用于为 HTML5 代表添加描述新信息，包含在该标签内的内容不会显示到页面中。

**实例 2-5**：注释在页面中不会显示效果。代码如下所示：

```
<p>
    如果想学习响应式布局，那么您必须熟悉 HTML5 <wbr>css<wbr>JavaScript 对象。
    <br>
    如果想学习响应式布局，那么您必须熟悉 HTML5 <br>css<br>JavaScript 对象。
</p>
<!--换行标签使用方法 -->
```

## 2.1.7　文本格式化标签

文本格式化标签主要用于对文本的显示效果进行设置，比如将文本设置为斜体、加粗和添加删除线等。常用的文本格式化标签如表 2-6 所示。

表 2-6　文本格式化标签

| 标　　签 | 说　　明 | 标　　签 | 说　　明 |
| --- | --- | --- | --- |
| <i> | 斜体文本标签 | <strong> | 加粗文本标签 |
| <bdo> | 文字方向标签 | <del> | 删除线标签 |
| <u> | 下画线标签 | <mark> | 文本记号标签 |
| <metar> | 度量给定范围标签 | <pre> | 预定义文本格式标签 |
| <progress> | 任务进度标签 | <small> | 小号字体标签 |
| <sup> | 上标文本标签 | <sub> | 下标文本标签 |

使用方法和使用效果如下所示。

**1．斜体文本标签<i>**

<i>标签主要用于将包含在该标签内的文本设置为斜体，通常用来表示科技语、其他语种的成语俗语等。

实例2-6：在页面中显示"废寝忘食，发奋图强"，并设置为斜体，效果如图2-5所示。

废寝忘食，发奋图强

图 2-5　斜体文本标签

代码如下所示：

```
<p> <i>废寝忘食，发奋图强</i></p>
```

### 2. 加粗文本标签<strong>

<strong>标签主要用于对文本内容以加粗字体的方式突出显示。

实例2-7：在页面中将"壮志凌云，坚定不移，奋发图强，坚持不懈"以加粗的样式展示，效果如图2-6所示。

壮志凌云,坚定不移,奋发图强,坚持不懈。

图 2-6　加粗文本标签

代码如下所示：

```
<p><strong>壮志凌云,坚定不移,奋发图强,坚持不懈。</strong></p>
```

### 3. 文字方向标签<bdo>

<bdo>标签能够控制文字在页面中的显示方向，该标签包含一个dir属性，属性说明如表2-7所示。

表 2-7　bdo标签属性说明

| 属　性 | 值 | 描　述 |
| --- | --- | --- |
| dir | rtl | 表示文字自右向左显示 |
|  | ltr | 表示文字自左向右显示 |

实例2-8：在页面中将"袁隆平是杂交水稻之父"分别以右向左和左向右的方式显示，效果如图2-7所示。

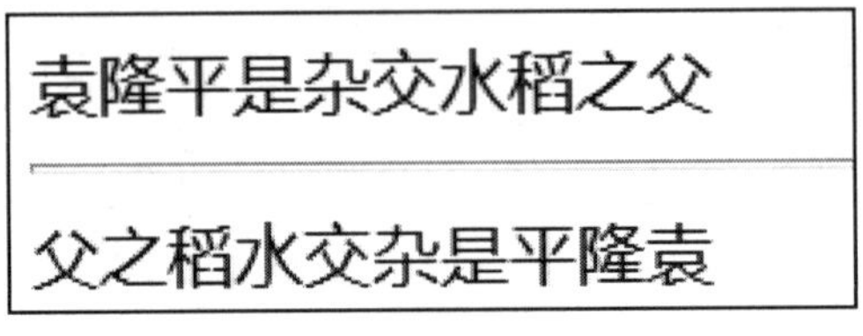

袁隆平是杂交水稻之父

父之稻水交杂是平隆袁

图 2-7　文字方向标签

代码如下所示：

```
<bdo>袁隆平是杂交水稻之父</bdo>
<hr />
<bdo dir="rtl">袁隆平是杂交水稻之父</bdo>
```

#### 4．删除线标签<del>

删除线标签表现为在文本上画一条横线，表示该文本内容已经被删除，例如，HTML 中废弃了一些标签，可以将废弃的标签名称使用删除线在页面中展示。

**实例 2-9**：为"HTML5 中废弃的标签有 basefont、big 等"这句话中的"basefont"和"big"两个单词添加删除线，效果如图 2-8 所示。

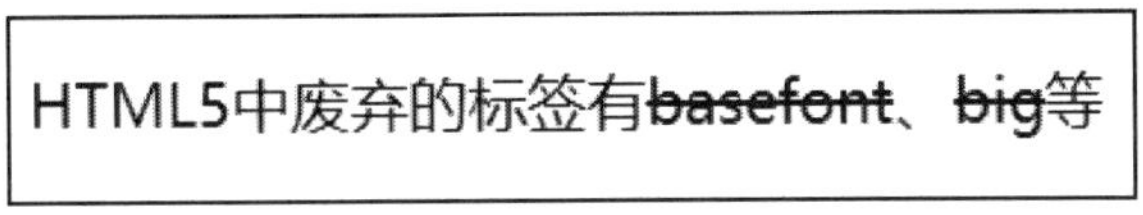

图 2-8　删除线标签

代码如下所示：

```
<p>HTML5 中废弃的标签有<del>basefont</del>、<del>big</del>等</p>
```

#### 5．下画线标签<u>

下画线标签功能为在文本下方添加一条直线，其目的是强调文字，引起注意。

**实例 2-10**：为"中国神舟 13 号载人飞船宇航员已经成功进入到了天和核心舱。"这句话中的"神舟 13 号"和"天河核心舱"添加下画线，效果如图 2-9 所示。

图 2-9　下画线标签

代码如下所示。

```
<p>中国<u>神舟 13 号</u>载人飞船宇航员已经成功进入到了<u>天和核心舱</u>。</p>
```

#### 6．文本记号标签<mark>

文本记号标签主要用于在大段文本中使用黄色区块标记重要内容，其效果类似于使用记号笔在书中划出重点内容。

**实例 2-11**：为段落中的"依法治国"添加记号，效果如图 2-10 所示。

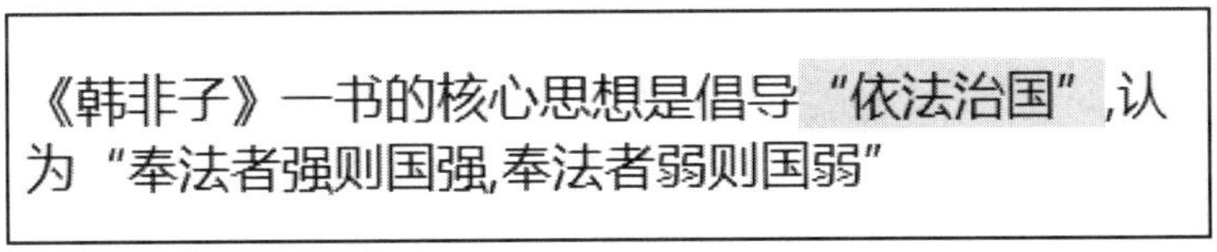

图 2-10　文本记号标签

代码如下所示：

```
<p>《韩非子》一书的核心思想是倡导<mark>"依法治国"</mark>,认为"奉法者强则国强,奉法者弱则国弱"</p>
```

## 7. 度量给定范围标签<meter>

度量给定范围标签用于定义已知范围或分数值内的标量测量，如硬盘使用量、查询结果的相关性等，<meter>标签中包含3个常用属性，分别为value、min和max，属性说明如表2-8所示。

表2-8　meter标签常用属性

| 属　　性 | 描　　述 |
| --- | --- |
| max | 可选属性，规定范围的最大值，不指定默认为1 |
| min | 可选属性，规定范围的最小值，不指定默认为0 |
| value | 必选属性，规定度量的最小值 |

实例2-12：在页面中分别显示表示二分之一和20%的度量值，效果如图2-11所示。

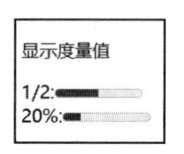

图2-11　度量给定范围标签

代码如下所示：

```
<p>显示度量值</p>
1/2:<meter value="1" min="0" max="2"></meter><br>
20%:<meter value="0.2"></meter>
```

## 8. 预定义文本格式标签<pre>

<pre>标签用于定义预格式化的文本，包含在<pre>标签内的文本会保留空格和换行符，通常用于表示计算机的源代码，<pre>标签中 HTML 元素会直接被解析，如果想在内容中正常显示这些标签可以将如<"或">这些特殊符号替换为符号实体。常用的符号实体如表2-9所示。

表2-9　常用符号实体

| 显示结果 | 实体名称 | 显示结果 | 实体名称 |
| --- | --- | --- | --- |
| 空格 |   | ¥ | &yen; |
| < | &lt; | © | &copy; |
| > | &gt; | ® | &reg; |
| & | &amp; | × | &times; |
| " | &quot; | ÷ | &divide; |

实例 2-13：使用预定义文本格式标签将 HTML 基本结构展示在页面中，效果如图 2-12 所示。

图2-12　预定义文本格式标签

代码如下所示：

```
<pre>
&lt;!DOCTYPE html&gt;
&lt;html lang="en"&gt;
&lt;head&gt;
    &lt;meta charset="UTF-8"&gt;
    &lt;title&gt;Title&lt;/title&gt;
&lt;/head&gt;
&lt;body&gt;

&lt;/body&gt;
&lt;/html&gt;
</pre>
```

9．任务进度标签<progress>

任务进度标签主要用于展示当前任务的执行进度，如文件的上传和下载进度等，该标签包含主要属性及说明如表 2-10 所示。

表 2-10　progress 标签属性

| 属　　性 | 说　　明 |
| --- | --- |
| value | 规定已完成的任务数量，值为 number 类型 |
| max | 规定任务总量，值为 number 类型 |

**实例 2-14**：使用任务进度标签，在页面中展示完成进度为 25%的状态，效果如图 2-13 所示。

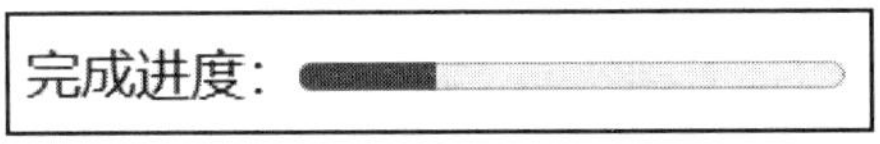

图 2-13　任务进度标签

代码如下所示：

```
完成进度：<progress value="25" max="100"> </progress>
```

10．小号字体标签<small>

小号字体标签用于将某段文本中的几个文字以小号字体显示。

**实例 2-15**：在页面中显示普通字体和小号字体，效果如图 2-14 所示。

图 2-14　小号字体标签

代码如下所示：

```
<p>普通字体</p>
<p><small>小号字体</small></p>
```

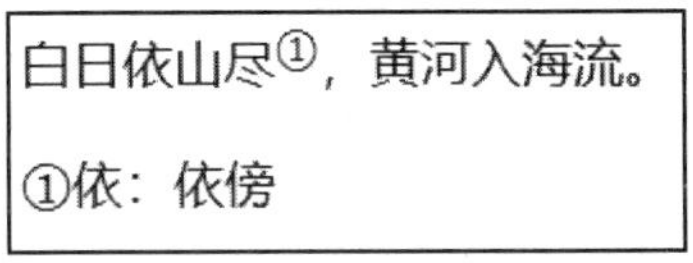

图 2-15　上标文本标签

11．上标文本标签<sup>

上标文本标签用于将文字以上标的形式显示，其大小会以当前文本字符高度的一半显示，上标一般用于数学公式，论文中的引用、古诗词中的注释等场景。

**实例 2-16**：使用上标作为古诗词的注释，效果如图 2-15 所示。

代码如下所示：

```
<p>白日依山尽<sup>①</sup>，黄河入海流。</p>
<p>①依：依傍</p>
```

### 12. 下标文本标签<sub>

下标文本标签与上标文本标签是一组相对应的标签，其大小会以当前文本字符高度的一半显示，可用于显示化学符号和一些特定需要下标的场景。

图 2-16 下标文本标签

**实例 2-17**：在页面中显示水的化学公式，效果如图 2-16 所示。

代码如下所示：

```
<p>水的化学符号为：H<sub>2</sub>O</p>
```

## 任务实施

第一步：分析要制作的网页部分，效果如图 2-17 所示。在图中包含两部分，分别是 Logo 和导航部分，导航部分分为上下两部分，分别是上面的网页导航，下面的诗人朝代分类。

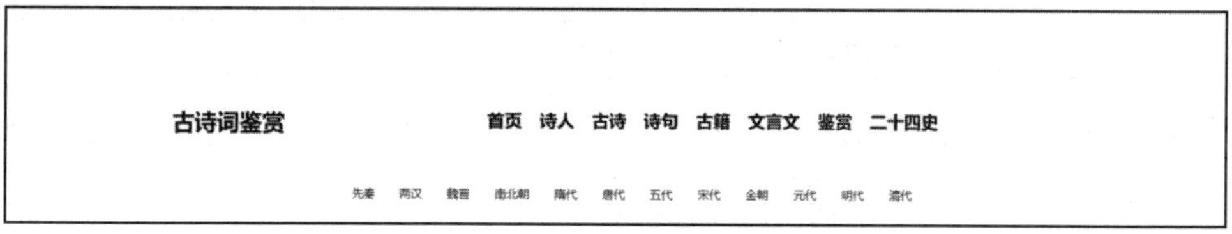

图 2-17 导航栏

第二步：在项目中创建名为"html"的文件夹，在文件夹中创建名为"index.html"的文件，创建用于包含页面中全部元素的 div，并设置其宽度占浏览器页面的 80%，div 中的内容水平居中，<div>标签与样式设置在后面知识中有详细介绍，代码如下所示：

```
<div style="width: 80%;margin: 0 auto;"> #样式设置后面的课程中会详细介绍
</div>
```

第三步：在<div>标签中输入<header>标签表示页面的头部信息，头部信息包含网页 Logo、导航栏和朝代分类导航，代码如下所示：

```
<div style="width: 80%;margin: 0 auto;"> #样式设置后面的课程中会详细介绍
    <header>

    </header>
</div>
```

第四步：制作 Logo 部分，Logo 部分使用文字形式展示内容为"古诗词鉴赏"，在<header>标签中创建一个 div，在该<div>中使用<h1>标签输入网页的 logo 文字，代码如下所示：

```
<div style="width: 80%;margin: 0 auto;"> #样式设置后面的课程中会详细介绍
    <header>
        <div style="float: left;width:20%;height: 100px;line-height: 64px;text-align: center;
        margin-top:90px">
```

```
            <h1>古诗词鉴赏</h1>
        </div>
</header>
</div>
```

效果如图 2-18 所示。

图 2-18　Logo 效果

第五步：编写顶部导航栏，在<header>标签中重新添加第二个<div>标签，在该<div>中使用<h2>标签展示导航栏文字，并设置<h2>标签水平显示右外边距为 20 像素（px），代码如下所示：

```
<div style="float:left;width: 65%;height: 100px;margin: 0 auto;line-height: 100px;text-align:right;margin-top:90px">
        <h2 style=" display: inline;margin-right: 20px;">首页</h2>
        <h2 style=" display: inline;margin-right: 20px;">诗人</h2>
        <h2 style=" display: inline;margin-right: 20px;">古诗</h2>
        <h2 style=" display: inline;margin-right: 20px;">诗句</h2>
        <h2 style=" display: inline;margin-right: 20px;">古籍</h2>
        <h2 style=" display: inline;margin-right: 20px;">文言文</h2>
        <h2 style=" display: inline;margin-right: 20px;">鉴赏</h2>
        <h2 style=" display: inline;margin-right: 20px;">二十四史</h2>
</div>
```

效果如图 2-19 所示。

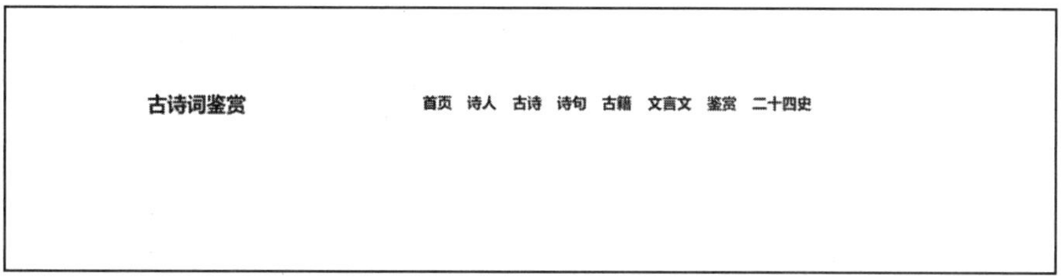

图 2-19　导航栏

第六步：编写朝代分类，在<header>标签中输入第三个<div>标签，朝代分类文字使用<p>标签界定，由于<p>标签是块级标签，默认竖向排列，需要将其改为横向排列，代码如下所示：

```html
<div style="float:left;width: 69%;height: 100px;margin-left: 190px;line-height: 100px;text-align: right;">
    <!-- display: inline 按行显示 -->
        <p style="display: inline;margin-right: 30px">先秦</p>
        <p style="display: inline;margin-right: 30px">两汉</p>
        <p style="display: inline;margin-right: 30px">魏晋</p>
        <p style="display: inline;margin-right: 30px">南北朝</p>
        <p style="display: inline;margin-right: 30px">隋代</p>
        <p style="display: inline;margin-right: 30px">唐代</p>
        <p style="display: inline;margin-right: 30px">五代</p>
        <p style="display: inline;margin-right: 30px">宋代</p>
        <p style="display: inline;margin-right: 30px">金朝</p>
        <p style="display: inline;margin-right: 30px">元代</p>
        <p style="display: inline;margin-right: 30px">明代</p>
        <p style="display: inline;margin-right: 30px">清代</p>
</div>
```

到此古诗词鉴赏头部导航部分就已制作完成。

## 任务 2.2 "诗人与古诗大全"页面制作

### 任务目标

本任务是实现古诗词鉴赏的第二步，制作诗人大全和古诗大全部分，该部分主要由文字和诗人图片组成。诗人大全需要在诗人图片下显示诗人名字，古诗大全需要在诗人图片右侧展示代表作，使用无序列表完成诗人大全的展示，使用定义列表实现古诗大全展示。通过本任务的学习需要掌握列表的定义方法及不同列表的使用场景。

### 任务准备

#### 2.2.1 有序列表

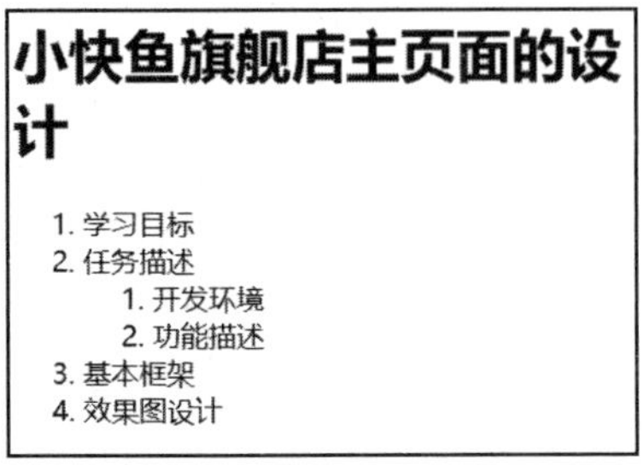

小快鱼旗舰店主页面的设计
1. 学习目标
2. 任务描述
   1. 开发环境
   2. 功能描述
3. 基本框架
4. 效果图设计

图 2-20 有序列表的应用效果

有序列表类似于 Word 中的编号，有序列表子项可以为数字、字母等，可使用一组<ol></ol>标签，该标签中包含多组<li></li>元素，其中每组均为一个列表。

实例 2-18：完成小快鱼旗舰店主页面的设计，内容为一个功能列表，一级标题为学习目标、任务描述、基本框架和效果图设计。任务描述中二级标题为开发环境和功能描述，效果如图 2-20 所示。

代码如下所示：

```
<h1>小快鱼旗舰店主页面的设计</h1>
<ol>
    <li>学习目标</li>
    <li>任务描述
        <ol>
            <li>开发环境</li>
            <li>功能描述</li>
        </ol>
    </li>
    <li>基本框架</li>
    <li>效果图设计</li>
</ol>
```

### 2.2.2 无序列表

无序列表类似于 Word 中的项目符号，无序列表项目排列没有顺序，以符号作为子项的标识，使用了一组<ul></ul>标签，该标签中包含多组<li></li>元素，其中每组均为一个列表。

实例 2-19：使用无序列表实现文本排列，效果如图 2-21 所示。

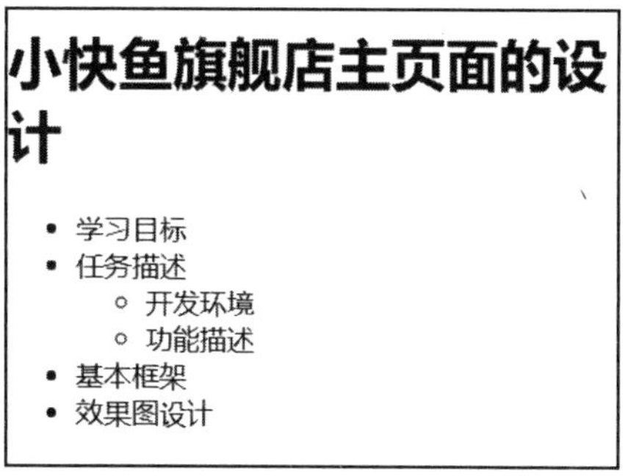

代码如下所示：

图 2-21 无序列表的应用效果

```
<h1>小快鱼旗舰店主页面的设计</h1>
<ul>
    <li>学习目标</li>
    <li>任务描述
        <ul>
            <li>开发环境</li>
            <li>功能描述</li>
        </ul>
    </li>
    <li>基本框架</li>
    <li>效果图设计</li>
</ul>
```

### 2.2.3 定义列表

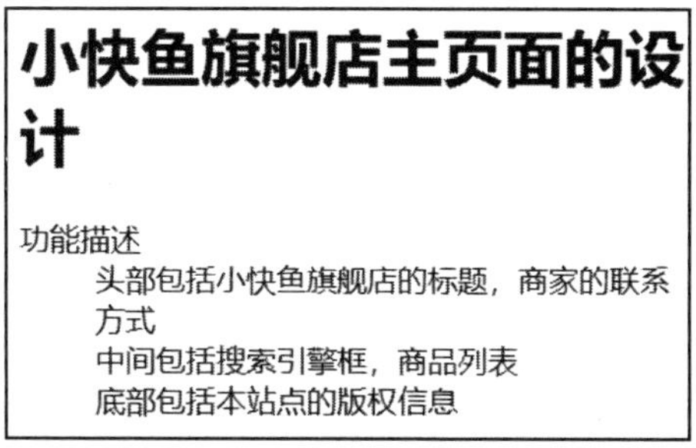

定义列表由自定义列表和自定义列表项组成，自定义列表以<dl>标签（Definition Lists）开始，每个自定义列表项以<dt>（Definition Title）开始，每个自定义列表项的定义以<dd>（Definition Description）开始。

实例 2-20：完成小快鱼旗舰店的功能描述页面，效果如图 2-22 所示。

代码如下所示：

图 2-22 定义列表的应用效果

```
<h1>小快鱼旗舰店主页面的设计</h1>
<dl>
    <dt>功能描述</dt>
    <dd>头部包括小快鱼旗舰店的标题，商家的联系方式</dd>
    <dd>中间包括搜索引擎框，商品列表</dd>
    <dd>底部包括本站点的版权信息</dd>
</dl>
```

## 任务实施

第一步：分析古诗词鉴赏诗人大全与古诗大全布局，如图 2-23 所示，诗人大全部分由两部分组成，分别为标题和诗人列表，诗人列表中为每位诗人引入图片并在图片下方显示姓名，诗人大全图片设置为 105 像素×135 像素，古诗大全同样分为上下两部分，即标题和古诗列表，古诗列表中每行内容使用<session>标签，每首诗分为两个部分，分别为左侧图片和右侧内容，图片设置为 120 像素×150 像素。

图 2-23　诗人大全与古诗大全

第二步：实现"诗人大全"标题部分，使用<h3>标签作为标题文本，并使用上下两条横线作为分割，在最外层<div>标签内添加实现代码，代码如下所示：

```
<hr style="clear: both">
<h3 style="margin: 2px">古诗大全</h3>
<hr style="clear: both">
```

效果如图 2-24 所示。

第三步：实现诗人大全列表，在第二步代码后添加<div>标签，在该<div>标签中使用无序列表完成诗人大全列表，这里使用的<img>标签在后面会详细介绍，代码如下所示：

图 2-24　"诗人大全"标题

```html
<div style="float:left;margin-left: 160px;margin-bottom: 20px">
    <ul style="padding-left: 0px">
        <li style="display: inline;text-align: center;float: left;width: 150px">
            <img src="../img/baijuyi.jpg" width="105px" height="135px">
            <br>
            <p>白居易</p>
        </li>
        <li style="display: inline;text-align: center;float: left;width: 150px">
            <a href="#"><img src="../img/liqingzhao.jpg" width="105px" height="135px"></a>
            <br>
            <p>李清照</p>
        </li>
        <li style="display: inline;text-align: center;float: left;width: 150px">
            <img src="../img/luyou.jpg" width="105px" height="135px">
            <br>
            <p>陆游</p>
        </li>
        <li style="display: inline;text-align: center;float: left;width: 150px">
            <img src="../img/libai.jpg" width="105px" height="135px">
            <br>
            <p>李白</p>
        </li>
        <li style="display: inline;text-align: center;float: left;width: 150px">
            <img src="../img/dumu.jpg" width="105px" height="135px">
            <br>
            <p>杜牧</p>
        </li>
        <li style="display: inline;text-align: center;float: left;width: 150px">
            <img src="../img/dufu.jpg" width="105px" height="135px">
            <br>
            <p>杜甫</p>
        </li>
    </ul>
</div>
```

效果如图 2-25 所示。

图 2-25 诗人大全列表

第四步：实现"古诗大全"标题部分，使用<h3>标签作为标题文本，并使用上下两条横向作为分割，在最外层<div>标签内添加实现代码，代码如下所示：

```html
<hr style="clear: both">
<h3 style="margin: 2px">古诗大全</h3>
<hr style="clear: both">
```

效果如图 2-26 所示。

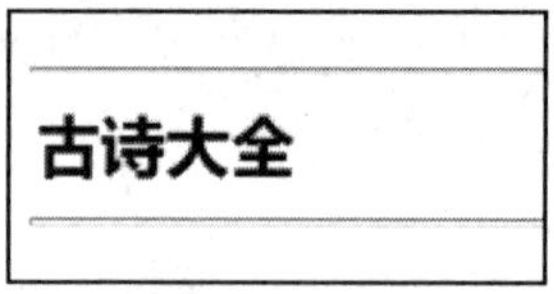

图 2-26　古诗大全标题

第五步：编写古诗大全列表，在第四步代码后添加古诗大全列表，代码如下所示。

```html
<section>
    <div style="width:50%;height: 200px;float: left">
        <dl>
            <dt>
                <div style="float: left;width:20%;margin-left: 20px">
                    <a href="./details.html"><img src="../img/baijuyi.jpg" width="120px" height="150px"></a>
                </div>
                <div style="float:left;width: 70%;margin-left: 40px">
                    <p>忆江南词三首其一</p>
                    <p>作者：白居易　访问量：22401　收录时间:2017-04-28</p>
                    <p>江南好,风景旧曾谙。日出江花红胜火,春来江水绿如蓝。能不忆江南？</p>
                    <p>标签：<a href="#">小学四年级　小学古诗大全　春天　春天景色　四年级下册　对偶　江南　忆江南　江南</a></p>
                </div>
            </dt>
        </dl>
    </div>
    <div style="width:50%;height: 200px;float: left">
        <dl>
            <dt>
                <div style="float: left;width:20%;margin-left: 20px">
                    <img src="../img/liqingzhao.jpg" width="120px" height="150px">
                </div>
                <div style="float:left;width: 70%;margin-left: 40px">
                    <p>href="#">如梦令·昨夜雨疏风骤</p>
                    <p>作者：李清照　访问量：41427　收录时间:2018-03-26</p>
                    <p>昨夜雨疏风骤,浓睡不消残酒。试问卷帘人,却道海棠依旧。知否,知否,应是绿肥红瘦。</p>
                    <p>标签：<a href="#">海棠</a></p>
                </div>
            </dt>
        </dl>
    </div>
</section>
<hr>
```

到此诗人与古诗大全部分已制作完成。

## 任务 2.3 "诗词详情"页面制作

### 任务目标

本任务是实现古诗词鉴赏的第三步,制作古诗的详情页面部分。该部分需要完成指定古诗词的原文、译文、作者简介和创作背景,实现单击收集古诗名称向详情页的跳转,并为网站添加背景图片。通过本任务的学习需要掌握<a>标签的使用方法和使用<img>标签在页面中引入图片。

### 任务准备

#### 2.3.1 图像标签

**1. 常见的图片格式**

图像是组成 HTML 页面不可或缺的元素,在网页中巧妙地使用图像元素可以使页面更美观、形象和生动,让网页中的内容丰富多彩。网络中比较流行的图片格式主要以 GIF、JPEG 和 PNG 为主,三种图像格式介绍如下。

- GIF:GIF 的全称是 Graphics Interchange Format,主要用于以超文本标记语言的方式显示索引彩色图像,文件最多支持 256 种颜色,适用于显示不连续色调或大面积单一颜色的图像,如导航、按钮、图标等。GIF 能够将舒张静态图像文件作为动画帧串联起来,形成动画文件(动图)。GIF 在页面中可以实现渐显显示。
- JPEG:JPEG 的全称是 Joint Photographic Experts Group,JPEG 是一种图像压缩格式,文件后缀为.jpg 或.jpeg。JPEG 可以包含数百万种颜色,常用于摄影或连续色调图像的高级格式。JPEG 不适用于图标等包含大色块的图像,不支持透明图和动态图。
- PNG:PNG 的全称是 Portable Network Graphics,是一种无损压缩算法的位图格式,图片以最小的方式压缩且能够保证图像不失真,具备了 GIF 图像格式的大部分优点,支持 48-bit 的色彩。

**2. 引入图片**

在 HTML 中可以使用<img>标签将图像文件插入到页面中,达到美化页面的效果,img 标签语法格式如下所示:

```
<img src="图像的绝对或相对路径" alt="图像的描述文字" />
```

语法说明如下所示。

- src:属性用于设置图像文件所在的路径。
- alt:规定图像的代替文本,在图片未加载成功时在图片所在位置用于描述图片内容的文字。

**实例 2-21**:使用<img>标签将长城图片引入到页面中,并设置图片的描述文字为"长城",效果如图 2-27 所示。

代码如下所示:

```
<img src="../img/c2_img.png" alt="长城">
```

src 与 alt 是<img>标签的必选属性,img 可选属性如表 2-11 所示。

表 2-11 &lt;img&gt;标签可选属性

| 属　　性 | 描　　述 |
| --- | --- |
| height | 设置图像高度 |
| width | 设置图像宽度 |
| border | 设置图像周边的边框,推荐使用 CSS 样式表 |
| hspase | 定义图像左侧和右侧的空白 |
| vspase | 定义图像顶部和底部的空白 |

- height 与 width 设置图像尺寸:height 属性用于设置图像的高度,width 属性用于设置图像的宽度,为图像设置宽度和高度能够使在页面加载过程中为图像预留位置,防止页面加载时布局发生变化,若设置的高度和宽度超出图像自身尺寸,则会对图像进行缩放,这样会导致页面在加载时必须下载大容量的图像。正确做法为,先了解图片的尺寸,并将宽高设置为与图像一致。img 尺寸设置语法如下所示:

```
<img src="图像的绝对或相对路径" alt="图像的描述文字" height="图像高度" width="图像宽度">
```

图像的尺寸单位有两个,分别为 px(像素)和%(百分比)。

实例 2-22:引入长城图片,将图片尺寸设置为 600 像素×500 像素,效果如图 2-28 所示。

图 2-27 &lt;img&gt;标签 　　　　　　图 2-28 设置尺寸

代码如下所示:

```
<img src="../img/c2_img.png" alt="长城" height="600px" width="500px">
```

当单独将 width 属性设置为百分比时,图片会按照浏览器显示窗口的比例缩放图像,并且会保持图像的宽高比例。

实例 2-23:将长城图片的宽度设置为"60%",效果如图 2-29 所示。

代码如下所示:

```
<img src="../img/c2_img.png" alt="长城" width="60%">
```

- border 设置图像边框：<img>标签的 border 属性能够设置图像的边框宽度，默认不指定边框宽度时没有边框，HTML4 以后不推荐使用该属性，应使用 CSS 样式代替。语法格式如下所示：

```
<img src="图像的绝对或相对路径" alt="图像的描述文字" border="边框宽度" />
```

**实例 2-24**：为长城图片添加边框，值为"2"，效果如图 2-30 所示。

图 2-29　设置图片宽度比例　　　　　　图 2-30　设置图片边框

代码如下所示：

```
<img src="../img/c2_img.png" alt="长城" width="60%" border="2px">
```

- hspase 与 vspase 定义图像周围的空间：默认情况下浏览器会在图像与文件之间预留两个像素的间距，间距较小，这时可通过 hspase 属性设置图像与文字的左右间距，通过 vspase 设置图像与文字的上下间距，单位为像素。语法格式如下所示：

```
<img src="图像的绝对或相对路径" alt="图像的描述文字" hspase="左右距离" vspase="上下距离" />
```

**实例 2-25**：将长城图片的四周与文字的间距设置为 50 像素，效果如图 2-31 所示。

图 2-31　设置图片周围空间

代码如下所示:

```
<img src="../img/c2_img.png" alt="长城" width="60%" border="2px" hspace="50" vspace="50">
```

### 2.3.2 范围标签 span

<span>标签用于组合文档中的行内元素,当一段文本较长,内容需要设定为不同格式时可以使用该标签,<span>标签并没有固定的格式表现,默认情况下视觉上与其他文本没有差异,需要使用 CSS 样式对其进行样式设置。<span>标签语法格式如下所示:

```
<span id="id 名称" class="class 名称"></span>
```

class 名称主要用于 CSS 选择器获取该标签,并设置样式。id 名称主要用于使用 JavaScript 获取改变前进行相关操作。

**实例 2-26**:使用<span>标签与 CSS 样式将文本中的"繁荣鼎盛"设置为红色字体,效果如图 2-32 所示。

唐朝是我国封建社会最为繁荣鼎盛的时期

图 2-32 <span>标签

代码如下所示:

```
<!DOCTYPE html>
<html lang="en">
<head>
    <meta charset="UTF-8">
    <title>Title</title>
    <style>
        .font-color{
            color: red;
        }
    </style>
</head>
<body>
<p>唐朝是我国封建社会最为<span class="font-color">繁荣鼎盛</span>的时期</p>
</body>
</html>
```

### 2.3.3 超链接标签 a

<a>标签用于定义超链接,用于从一个页面向另一个页面链接,通过 href 属性指定到想要链接到的目标。<a>标签语法格式如下所示:

```
<a href="URL 链接">链接文字描述</a>
```

href 属性是<a>标签的必备属性，用于指定目标链接（可以使网页链接到文件地址）。

**实例 2-27**：使用<a>标签实现单击页面中的"百度"字样跳转到百度搜索页面，效果如图 2-33 所示。

代码如下所示：

```
<a href="https://www.baidu.com/">百度</a>
```

图 2-33　超链接标签

除 href 属性外，<a>标签还包含一些常用的可选属性，如表 2-12 所示。

表 2-12　<a>标签可选属性

| 属　　性 | 描　　述 |
| --- | --- |
| download | 被下载的超链接目标 |
| target | 规定在何处打开链接文档 |

- download 超链接下载目标：download 属性通常用于设置一个值作为文件下载时的文件名称，值没有限制，浏览器会自动检测正确的扩展名添加到文件，该属性常用于 PC 端，语法格式如下所示：

```
<a href="URL 链接" download="文件名"></a>
```

**实例 2-28**：使用<img>标签显示图片，并将<img>标签嵌套在<a>标签中，实现单击图片并将图片下载到本地，效果如图 2-34 所示。

图 2-34　超链接下载目标

代码如下所示：

```
<a href="../img/c2_img.png" download="长城">
    <img src="../img/c2_img.png" />
</a>
```

- target 规定在何处打开链接文档：target 属性用于设置在何处打开链接文档，语法格式如下所示：

# HTML5+CSS3项目开发实战（第2版）

```
<a href="URL 链接" target="_blank|_self|_parent|_top|framename"></a>
```

target 属性值说明如表 2-13 所示。

表 2-13　target 属性值说明

| 值 | 描　　述 |
| --- | --- |
| _blank | 在新窗口中打开链接 |
| _self | 默认，在相同的框架中打开链接 |
| _parent | 在父框架中打开链接 |
| _top | 在整个窗口中打开链接 |
| framename | 在指定框架中打开链接 |

**实例 2-29**：通过<a>标签链接到百度搜索页面，并设置在相同框架中打开链接，效果如图 2-35 所示。

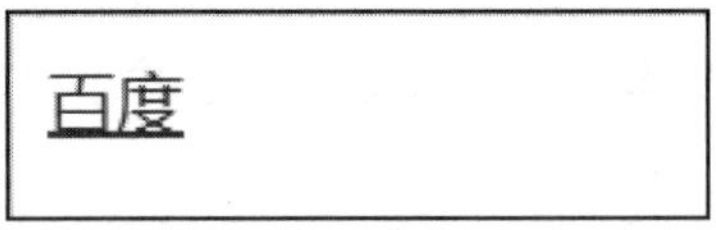

百度

图 2-35　在相同框架中打开链接

代码如下所示：

```
<a href="https://www.baidu.com/" target="_self">百度</a>
```

## 2.3.4　div 标签

div 标签称为区隔标记，是一个块级标签，通过<div>标签能够将页面中的文档分割成独立的、不同的部分。可以为<div>标签应用 id 或 class 属性，用于对标签进行更详细的设置。<div>标签语法格式如下所示：

```
<div id="id 名" class="class 名" style="样式列表"
```

<div>语法格式中，
- id：表示元素的唯一标志。
- class：表示元素组，可以将类似的或可以理解为某一类的元素归为一类，为其设置样式或功能。
- style：用于设置<div>的样式，建议使用 CSS 层叠样式表进行设置。

**任务实施**

第一步：古诗词详情界面分析，本界面由四部分组成，分别为头部导航栏、原文、作者资料、原文及翻译赏析，如图 2-36 所示。头部导航栏部分与首页导航栏结构一致，原文部分由标题和原文正文组成，正文居中显示，作者资料部分由标题、作者图片和作者信息三部分组成，原文及翻译赏析由三部分组成，每个部分使用<h4>标签显示标题。

图 2-36　详情页

第二步：完成"忆江南三首其一"原文部分，将文本内容设置为居中，代码如下所示：

```
<hr style="clear: both">
<h3 style="margin: 2px">忆江南三首其一</h3>
<hr style="clear: both">
<section>
    <div style="width:100%;height: 150px;float: left;text-align: center">
        <dl>
            <dt>
                <div style="float:left;text-align:center;width: 100%">
                    <p>朝代：唐代 作者:白居易 更新时间:2017-04-28</p>
                    <p>江南好,风景旧曾谙。日出江花红胜火,春来江水绿如蓝。能不忆江南？</p>
                    <a href="#">小学四年级 小学古诗大全 春天 春天景色 四年级下册 对偶 江南 忆江南 江南</a>
                </div>
            </dt>
        </dl>
    </div>
```

效果如图 2-37 所示。

忆江南三首其一

朝代：唐代 作者:白居易 更新时间:2017-04-28

江南好，风景旧曾谙。日出江花红胜火，春来江水绿如蓝。能不忆江南？

小学四年级 小学古诗大全 春天 春天景色 四年级下册 对偶 江南 忆江南 江南

图 2-37　原文

第三步：完成"作者介绍"部分，将文本内容设置为居中，代码如下所示：

```html
<hr style="clear: both">
<h3 style="margin: 2px">作者白居易资料</h3>
<hr style="clear: both">
<section>
    <div style="width:100%;height: 200px;float: left">
        <dl>
            <dt>
                <div style="float:left;width:5%;margin-left: 40px">
                    <img src="../img/baijuyi.jpg" width="150px" height="150px">
                </div>
                <div style="float:left;text-align:center;width:80%;margin-left: 120px">
                    <a href="#">忆江南词三首其一</a>
                    <p>
                        白居易(772～846)，字乐天，晚年又号称香山居士，河南郑州新郑人，是我国唐代伟大的现实主义诗人，他的诗歌题材广泛，形式多样，语言平易通俗，有诗魔和诗王之称。官至翰林学士、左赞善大夫。有《白氏长庆集》传世.....
                        <a href="#">查看详情>></a>
                        白居易古诗词作品: </p>
                    <p>白居易古诗词作品:<a href="#">《忆江南词三首其一》《长恨歌》《琵琶行》　《自咏·随宜饮食聊充腹》《题杨颖士西亭》　《池上二绝其一》《和谈校书秋夜感怀呈朝中亲友》　《暮江吟》　《岁暮·穷阴急景坐相催》　《大林寺桃花》

                    </a></p>
                </div>
            </dt>
        </dl>
    </div>
</section>
```

效果如图 2-38 所示。

作者白居易资料

忆江南词三首其一

白居易(772～846)，字乐天，晚年又号称香山居士，河南郑州新郑人，是我国唐代伟大的现实主义诗人，他的诗歌题材广泛，形式多样，语言平易通俗，有诗魔和诗王之称。官至翰林学士、左赞善大夫。有《白氏长庆集》传世...... 查看详情>> 白居易古诗词作品:

白居易古诗词作品:《忆江南词三首其一》　《长恨歌》　《琵琶行》　《自咏·随宜饮食聊充腹》《题杨颖士西亭》　《池上二绝其一》　《和谈校书秋夜感怀呈朝中亲友》　《暮江吟》　《岁暮·穷阴急景坐相催》　《大林寺桃花》

图 2-38　作者介绍

第四步：完成"原文及翻译赏析"部分，代码如下所示：

```
    <hr style="clear: both">
    <h3 style="margin: 2px">忆江南词三首其一原文及翻译赏析</h3>
    <hr style="clear: both">
    <section>
        <div style="width:100%;float: left;">
            <h4>赏析</h4>
            <p>
                第一首泛忆江南，兼包苏、杭，写春景。全词五句。一开口即赞颂"江南好！"正因为"好"，才不能不"忆"。"风景旧曾谙"一句，说明那江南风景之"好"不是听人说的，而是当年亲身感受到的、体验过的，因而在自己的审美意识里留下了难忘的记忆。既落实了"好"字，又点明了"忆"字。接下去，即用两句词写他"旧曾谙"的江南风景："日出江花红胜火，春来江水绿如蓝。""日出"、"春来"，互文见义。春来百花盛开，已极红艳；红日普照，更红得耀眼。在这里，因同色相烘染而提高了色彩的明亮度。春江水绿，红艳艳的阳光洒满了江岸，更显得绿波粼粼。在这里，因异色相映衬而加强了色彩的鲜明性。作者把"花"和"日"联系起来，为的是同色烘染；又把"花"和"江"联系起来，为的是异色相映衬。江花红，江水绿，二者互为背景。于是红者更红，"红胜火"；绿者更绿，"绿如蓝"。</p>
        </div>
        <hr style="clear: both">
        <div style="width:100%;float: left;">
            <h4>注释译文</h4>
            <p>
                (1)忆江南：唐教坊曲名。作者题下自注说："此曲亦名'谢秋娘'，每首五句。"按《乐府诗集》："'忆江南'一名'望江南'，因白氏词，后遂改名'江南好'。"至晚唐、五代成为词牌名。这里所指的江南主要是长江下游的江浙一带。</p>
            <p>(2)谙（ān）：熟悉。作者年轻时曾三次到过江南。</p>
            <p>(3)江花：江边的花朵。一说指江中的浪花。红胜火：颜色鲜红胜过火焰。</p>
            <p>(4)绿如蓝：绿得比蓝还要绿。如，用法犹"于"，有胜过的意思。蓝，蓝草，其叶可制青绿染料。</p>
        </div>
        <hr style="clear: both">
        <div style="width:100%;height: 200px;float: left;">
            <h4>创作背景</h4>
            <p>
                《忆江南三首》是唐代诗人白居易的组词作品。第一首词总写对江南的回忆，选择了江花和春水，衬以日出和春天的背景，显得十分鲜艳奇丽，生动地描绘出江南春意盎然的大好景象；第二首词描绘杭州之美，通过山寺寻桂和钱塘观潮的画面来验证"江南好"，表达了作者对杭州的怀念之情；第三首词描绘苏州之美，诗人以美妙的诗笔，简洁地勾勒出苏州的旖旎风情，表达了作者对苏州的忆念与向往。这三首词各自独立而又互为补充，分别描绘江南的景色美、风物美以及女性之美，艺术概括力强，意境奇妙。
                白居易曾经担任杭州刺史，在杭州两年，后来又担任苏州刺史，任期也一年有余。在他的青年时期，曾漫游江南，旅居苏杭，他对江南有着相当的了解，故此江南在他的心目中留有深刻印象。当他因病卸任苏州刺史，回到洛阳后十余年，写下了这三首《忆江南》。</p>
        </div>
    </section>
```

第五步：在首页添加超链接，实现单击"忆江南三首其一"或单击图片跳转到详情页面，改后的代码如下所示：

```
<div style="width:50%;height: 200px;float: left">
    <dl>
        <dt>
            <div style="float: left;width:20%;margin-left: 20px">
                <a href="./details.html"><img src="../img/baijuyi.jpg" width="120px" height="150px"></a>
            </div>
            <div style="float:left;width: 70%;margin-left: 40px">
                <a href="./details.html">忆江南词三首其一</a>
```

```
            <p>作者:白居易  访问量：22401  收录时间：2017-04-28</p>
            <p>江南好，风景旧曾谙。日出江花红胜火，春来江水绿如蓝。能不忆江南？</p>
            <p>标签： <a href="#">小学四年级  小学古诗大全  春天  春天景色  四年级下册  对偶  江南  忆江南  江南</a></p>
         </div>
      </dt>
   </dl>
</div>
```

第六步：为网页添加背景图片，分别为首页和详情页添加背景图片，在<body>标签中添加，代码如下所示：

```
<img src="../img/backimg.jpg" style="position: fixed;z-index: -1;width: 100%;height: 100%;">
```

效果如图 2-39 所示。

图 2-39　添加背景图

此时古诗词鉴赏网页就制作完成了。

## 项目总结

本项目是对古诗词鉴赏网站的制作，主要分为三个任务，分别是使用 HTML 基础标签实现页面导航栏制作、使用列表相关知识完成诗人与古诗大全展示功能、使用超链接使页面能够根据单击的古诗名称跳转到对应详情页面并使用<img>标签添加网页背景图片。通过对任务的实现，能够掌握 HTML 中的基本标签、列表标签的使用方法，并能够熟练地使用超链接、图片标签实现页面跳转和美化。

# 项目 3
# 表格与表单应用

## 项目概述

在现代生活中不论是大人或者孩童都有大大小小的压力需要释放，在网络这个和现实隔绝的世界中可以让人们更好地放松身心，以便能够更好地投入现实生活中。而虚拟社区更是一个展现自我的舞台，校园论坛也是如此，它是一个信息的集合体，聚集了许许多多的内容，让人们能够接触到不同的信息。当代大学生喜爱结交新朋友，寻找有共同兴趣的人交流讨论，校园论坛为这些有共同爱好的年轻人创造了另一片交流的空间，深受大学生的青睐，因此本项目分为三个任务来制作校园学生论坛网站，在给大家提供一个探讨、学习互助平台的同时能够熟练使用表格与表单的应用。

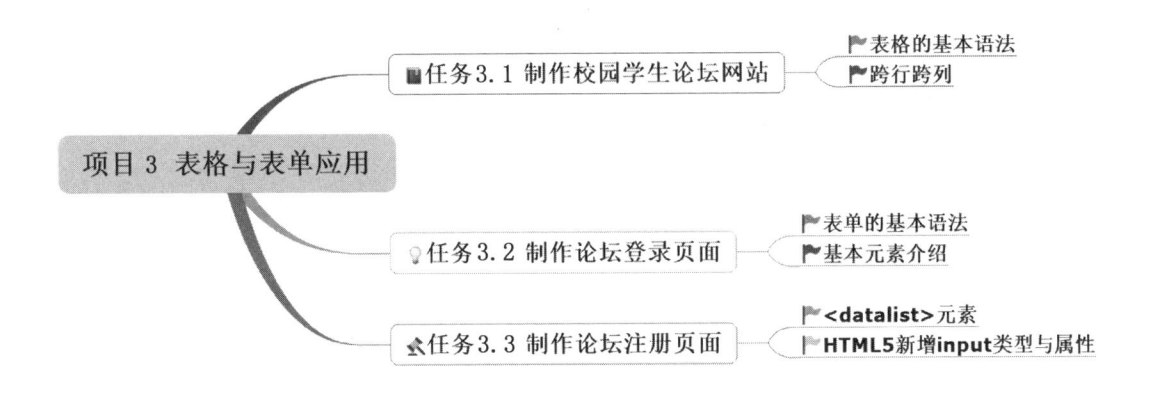

## 项目导航

```
                                    ┌─ 表格的基本语法
            ┌─ 任务3.1 制作校园学生论坛网站 ┤
            │                       └─ 跨行跨列
            │
项目3 表格与表单应用 ┤                       ┌─ 表单的基本语法
            ├─ 任务3.2 制作论坛登录页面 ────┤
            │                       └─ 基本元素介绍
            │
            │                       ┌─ <datalist>元素
            └─ 任务3.3 制作论坛注册页面 ────┤
                                    └─ HTML5新增input类型与属性
```

# 任务 3.1 制作校园学生论坛网站

## 任务目标

本任务是制作校园学生论坛的第一步,需要根据论坛网站的基本结构,使用表格对页面进行布局,在网站中实现标题、导航、快捷访问、最近热帖、官方发布等主要结构。通过本任务的学习,要求了解表格各个属性在页面布局上的用法,并能够学以致用。

## 任务准备

在 HTML 中,表格不但可以用于制作普通的数据表,还可以用在页面的布局上。通过把整个页面视为一个大表格,并在单元格中添加其他标签或元素,完成基本的页面布局。

### 3.1.1 表格的基本语法

#### 1. 表格的基本结构

使用表格可以使数据更直观、更清楚。表格的基本标签为"<table>...</table>",它表示一个表格的开始与结束。一个简单的 HTML 表格由最基本的<table>标签中的一个或多个<tr>和<td>元素组成。

其中<tr>元素用来标记行,<td>元素用来标记列。基本的语法格式如下所示:

```
<table>
    <tr>
        <td></td>
        <td> </td>
    </tr>
</table>
```

#### 2. 调整表格边框

在 HTML5 中的表格默认不显示边框,可以通过<table>标签的 border 属性为表格边框设定宽度,还可以使用 frame 与 rules 来控制边框的哪个部分可见。调整边框的属性与可选参数,如表 3-1 所示。

表 3-1 <table>边框相关参数

| 属 性 名 | 可 选 参 数 | 描 述 |
| --- | --- | --- |
| border | pixels | 参数可以为像素单位的数值 |
| frame | void | 不显示外边框 |
|  | above | 显示上外边框 |
|  | below | 显示下外边框 |
|  | hsides | 显示上下外边框 |

续表

| 属 性 名 | 可选参数 | 描 述 |
|---|---|---|
| frame | vsides | 显示左右外边框 |
|  | lhs | 显示左外边框 |
|  | rhs | 显示右外边框 |
|  | box | 显示所有边框 |
| rules | none | 不显示边框 |
|  | groups | 显示行组与列组之间的边框 |
|  | rows | 显示行之间的边框 |
|  | cols | 显示列之间的线条 |
|  | all | 显示行与列之间的线条 |

**实例 3-1**：创建一个支出明细，在其中使用 border 属性，设置"支出明细"表头的边框为 2，剩余的月份中每个月份显示不同位置的边框。在浏览器中得到的效果如图 3-1 所示。

图 3-1 支出明细效果

实现实例 3-1 效果的代码如下所示：

```html
<!-- 当border="2"时： -->
<table border="2">
    <tr>
        <td>支出明细</td>
    </tr>
</table>
<br>
<table>
    <tr>
        <th>
            frame 属性：
        </th>
        <td>
            <div>
                <!-- 当frame="box"时： -->
                <table frame="box">
                    <tr>
                        <th>月份</th>
                        <th>支出</th>
                    </tr>
                    <tr>
                        <td>一月</td>
```

```
                    <td>1200 元</td>
                </tr>
            </table>

            <!-- 当 frame="above"时: -->
            <table frame="above">
                <tr>
                    <th>月份</th>
                    <th>支出</th>
                </tr>
                <tr>
                    <td>二月</td>
                    <td>2300</td>
                </tr>
            </table>

            <!-- 当 frame="below"时: -->
            <table frame="below">
                <tr>
                    <th>月份</th>
                    <th>支出</th>
                </tr>
                <tr>
                    <td>三月</td>
                    <td>1400</td>
                </tr>
            </table>

            <!-- 当 frame="hsides"时: -->
            <table frame="hsides">
                <tr>
                    <th>月份</th>
                    <th>支出</th>
                </tr>
                <tr>
                    <td>四月</td>
                    <td>2100</td>
                </tr>
            </table>
        </div>
    </td>
  </tr>
</table>
<br>
<table>
    <th>rules 属性:</th>
    <td>
        <div>
            <!-- 当 frame="vsides"时: -->
            <table frame="vsides">
                <tr>
                    <th>月份</th>
                    <th>支出</th>
                </tr>
                <tr>
                    <td>五月</td>
                    <td>1800</td>
```

```html
            </tr>
        </table>
        <!-- 当 rules="rows"时: -->
        <table rules="rows">
            <tr>
                <th>月份</th>
                <th>支出</th>
            </tr>
            <tr>
                <td>六月</td>
                <td>2730</td>
            </tr>
        </table>

        <!-- 当 rules="cols"时: -->
        <table rules="cols">
            <tr>
                <th>月份</th>
                <th>支出</th>
            </tr>
            <tr>
                <td>七月</td>
                <td>1420</td>
            </tr>
        </table>

        <!-- 当 rules="all"时: -->
        <table rules="all">
            <tr>
                <th>月份</th>
                <th>支出</th>
            </tr>
            <tr>
                <td>八月</td>
                <td>3105</td>
            </tr>
        </table>
    </div>
    </td>
</table>
```

### 3. 调整单元格的宽和高

在表格中可以通过调整 width 与 height 属性分别控制单元格的宽度与高度，它们的参数可以设置成像素或者百分比形式。当单元格设定了百分比宽高时，其他未设定宽高的单元格会按照整体大小自动调整比例。

**实例 3-2**：在页面中新建 4 个表格，分别使用 width 与 height 属性设定参数为像素和百分比形式。在浏览器中得到的效果如图 3-2 所示。

图 3-2 表格的宽度和高度

实现实例 3-2 的代码如下所示：

```html
<table frame="box" rules="all">
    <tr>
        <th width="500px">9月份前十天考勤记录表</th>
    </tr>
</table>
<br>
<table frame="box" rules="all">
    <tr>
        <th height="30px" width="20">日期</th>
        <th height="30px" width="20">1</th>
        <th height="30px" width="20">2</th>
        <th height="30px" width="20">3</th>
        <th height="30px" width="20">4</th>
        <th height="30px" width="20">5</th>
        <th height="30px" width="20">6</th>
        <th height="30px" width="20">7</th>
        <th height="30px" width="20">8</th>
        <th height="30px" width="20">9</th>
        <th height="30px" width="20">10</th>
    </tr>
</table>
<br>
<table frame="box" rules="all" width="255px">
    <tr>
        <td width="5%"></td>
        <td width="5%">√</td>
        <td width="5%">√</td>
        <td width="5%">√</td>
        <td width="5%">√</td>
        <td width="5%">√</td>
        <td width="5%">√</td>
        <td width="5%">√</td>
        <td width="5%">√</td>
        <td width="5%">√</td>
        <td width="5%">√</td>
    </tr>
</table>
<br>
```

```
<table frame="box" rules="all" height="200px">
    <tr>
        <th height="15%">当日请假员工姓名</th>
    </tr>
    <tr>
        <td>张三</td>
    </tr>
    <tr>
        <td>李四</td>
    </tr>
    <tr>
        <td>王五</td>
    </tr>
</table>
```

### 4．调整单元格内容对齐方式

在<td>标签中可以设定 align 与 valign 属性，分别控制单元格内容的水平对齐方式与垂直对齐方式，它们的可选数值如表 3-2 所示。

表 3-2　align 与 valign 属性值

| 属 性 名 | 可 选 数 值 | 描　　述 |
| --- | --- | --- |
| align | left | 左对齐 |
|  | right | 右对齐 |
|  | center | 水平居中 |
|  | justify | 对行进行伸展，每行都有相等的长度 |
|  | char | 将内容对准指定字符 |
| valign | top | 居上对齐 |
|  | middle | 垂直居中 |
|  | bottom | 底部对齐 |
|  | baseline | 以基线对齐 |

**实例 3-3**：创建一个边框为 1 的收入明细表，通过让每个月份使用不同的对齐方式调整单元格，在浏览器中得到的效果如图 3-3 所示。

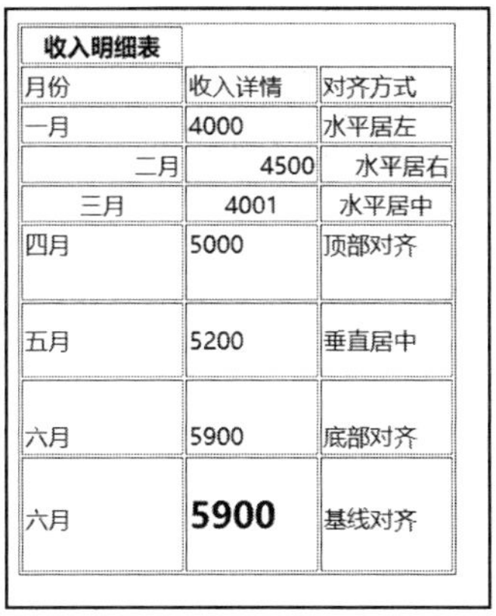

图 3-3　收入明细表

实现实例 3-3 的代码如下所示：

```html
<table border="1" width="300px">
    <tr>
        <th>收入明细表</th>
    </tr>
    <tr>
        <td>月份</td>
        <td>收入详情</td>
        <td>对齐方式</td>
    </tr>
    <tr>
        <td align="left">一月</td>
        <td align="left">4000</td>
        <td align="left">水平居左</td>
    </tr>
    <tr>
        <td align="right">二月</td>
        <td align="right">4500</td>
        <td align="right">水平居右</td>
    </tr>
    <tr>
        <td align="center">三月</td>
        <td align="center">4001</td>
        <td align="center">水平居中</td>
    </tr>
    <tr height="50px">
        <td valign="top">四月</td>
        <td valign="top">5000</td>
        <td valign="top">顶部对齐</td>
    </tr>
    <tr height="50px">
        <td valign="middle">五月</td>
        <td valign="middle">5200</td>
        <td valign="middle">垂直居中</td>
    </tr>
    <tr height="50px">
        <td valign="bottom">六月</td>
        <td valign="bottom">5900</td>
        <td valign="bottom">底部对齐</td>
    </tr>
    <tr height="50px">
        <td valign="baseline">六月</td>
        <td valign="baseline">
            <h2>5900</h2>
        </td>
        <td valign="baseline">基线对齐</td>
    </tr>
</table>
```

### 5．修改单元格的背景颜色

通过设定 bgcolor 属性可以自定义修改该单元格的背景颜色，可以使表格内容主次分明，突出重点数据。bgcolor 属性可以选择以 RGB 的形式或十六进制颜色代码和颜色名称表示，在 HTML5 中不再推荐使用 bgcolor。

**实例 3-4**：在页面中创建一个成绩单，表头数据为"班级""姓名""学号"和"期末评分"，期末评分设定为"优秀""良好""不及格"三挡，将其中优秀评分的学生姓名以绿色背景标注，良好评分的学生姓名以橙色背景标注，不及格评分的学生姓名以红色背景标注，在浏览器中得到的效果如图3-4所示。

| 班级 | 姓名 | 学号 | 期末评分 |
|---|---|---|---|
| 软件2班 | 张三 | 28 | 优秀 |
| 软件7班 | 李四 | 10 | 良好 |
| 软件11班 | 王五 | 2 | 优秀 |
| 软件6班 | 赵六 | 34 | 不及格 |

图3-4　成绩评定表

实现实例3-4的代码如下所示：

```
<table border="1">
    <tr>
        <th width="100" align="left">班级</th>
        <th width="100">姓名</th>
        <th width="100">学号</th>
        <th width="100" align="right">期末评分</th>
    </tr>
    <tr>
        <td>软件2班</td>
        <td align="center" bgcolor="#98FB98">张三</td>
        <td align="center">28</td>
        <td align="right" bgcolor="#98FB98">优秀</td>
    </tr>
    <tr>
        <td>软件7班</td>
        <td align="center" bgcolor="#F4A460">李四</td>
        <td align="center">10</td>
        <td align="right" bgcolor="#F4A460">良好</td>
    </tr>
    <tr>
        <td>软件11班</td>
        <td align="center" bgcolor="#98FB98">王五</td>
        <td align="center">2</td>
        <td align="right" bgcolor="#98FB98">优秀</td>
    </tr>
    <tr>
        <td>软件6班</td>
        <td align="center" bgcolor="#FF6347">赵六</td>
        <td align="center">34</td>
        <td align="right" bgcolor="#FF6347">不及格</td>
    </tr>
</table>
```

#### 6．调整单元格的内间距

在<table>标签中使用cellpadding属性来调整单元格的内间距，需要给cellpadding属性一个单位为像素的整数或百分比作为参数。为了满足不同时候的表格布局需求，HTML中的表格也可以通过<table>标签的cellspacing属性调整单元格与单元格之间的间隔。

**实例3-5**：创建一个简易成绩单，使用<table>标签中的cellpadding属性来调整单元格的内间距为 5，使用<table>标签中的 cellspacing 属性来调整单元格的内间距为 15。在浏览器中得到的效果如图 3-5 所示。

| 班级 | 姓名 | 学号 | 期末评分 |
|---|---|---|---|
| 软件2班 | 张三 | 28 | 优秀 |
| 软件7班 | 李四 | 10 | 良好 |
| 软件11班 | 王五 | 2 | 优秀 |
| 软件6班 | 赵六 | 34 | 不及格 |

图 3-5　调整了单元格间距的成绩单

实现实例 3-5 的代码如下所示：

```html
<table border="1" cellpadding="5" cellspacing="15">
    <tr>
        <th width="100" align="left">班级</th>
        <th width="100">姓名</th>
        <th width="100">学号</th>
        <th width="100" align="right">期末评分</th>
    </tr>
    <tr>
        <td>软件 2 班</td>
        <td align="center">张三</td>
        <td align="center">28</td>
        <td align="right">优秀</td>
    </tr>
    <tr>
        <td>软件 7 班</td>
        <td align="center">李四</td>
        <td align="center">10</td>
        <td align="right">良好</td>
    </tr>
    <tr>
        <td>软件 11 班</td>
        <td align="center">王五</td>
        <td align="center">2</td>
        <td align="right">优秀</td>
    </tr>
    <tr>
        <td>软件 6 班</td>
        <td align="center">赵六</td>
        <td align="center">34</td>
        <td align="right">不及格</td>
    </tr>
</table>
```

### 7．空单元格的规范

在编辑表格时难免会出现空数据，如果在 HTML 中只写一对<td>标签而不填写数据的话，会在一些浏览器中显示不出单元格边框，让表格看起来很不美观。为了避免这种情况的出现，需要在<td>标签中填写" "空格字符来占位。

**实例 3-6**：在成绩单中添加一列"备注"，并用空格字符占位。在浏览器中得到的效果如图 3-6 所示。

| 班级 | 姓名 | 学号 | 期末评分 | 备注 |
|------|------|------|----------|------|
| 软件2班 | 张三 | 28 | 优秀 | |
| 软件7班 | 李四 | 10 | 良好 | |
| 软件11班 | 王五 | 2 | 优秀 | |
| 软件6班 | 赵六 | 34 | 不及格 | |

图 3-6  添加了空单元格的成绩单

实现实例 3-6 的代码如下所示：

```html
<table border="1" cellpadding="5" cellspacing="15">
    <tr>
        <th width="100" align="left">班级</th>
        <th width="100">姓名</th>
        <th width="100">学号</th>
        <th width="100" align="right">期末评分</th>
        <th width="100">备注</th>
    </tr>
    <tr>
        <td>软件 2 班</td>
        <td align="center">张三</td>
        <td align="center">28</td>
        <td align="right">优秀</td>
        <td> </td>
    </tr>
    <tr>
        <td>软件 7 班</td>
        <td align="center">李四</td>
        <td align="center">10</td>
        <td align="right">良好</td>
        <td> </td>
    </tr>
    <tr>
        <td>软件 11 班</td>
        <td align="center">王五</td>
        <td align="center">2</td>
        <td align="right">优秀</td>
        <td> </td>
    </tr>
    <tr>
        <td>软件 6 班</td>
        <td align="center">赵六</td>
        <td align="center">34</td>
        <td align="right">不及格</td>
        <td> </td>
    </tr>
</table>
```

### 8. HTML5 表格的结构化

为了更好地管理及格式化表格，更好地语义化标签，需要使用表格的结构化方式。表格的结构化就是将表格分为表头、表体、表尾三部分，这样在修改其中一部分时不会影响到其他部分，方便对表格进行操作，同时在加载表格的时候也分三部分独立加载，在表格很大的情况下也可以提高加载速度，优化用户体验。需要注意的是，如果使用了结构化的其中一个元素，就要使用全部的三个元素。

一个完整的表格通常包括以下三部分。
- thead：定义表格表头，通常表现为标题行，在元素内部必须使用至少一个<tr>标签。
- tbody：定义一段表格主体，一个表格可以有多个主体，可以按照行来进行分组。
- tfoot：定义表格的脚尾，通常表现为总计行。

其中 3 个部分都有相同的 4 个属性可以使用，具体可选参数与描述如表 3-3 所示。

表 3-3　tbody 的可选属性

| 属 性 名 | 可 选 参 数 | 描 述 |
| --- | --- | --- |
| align | right，left，center justify，char | 定义 tbody 元素中内容的对齐方式 |
| char | character（任意字符） | 规定根据哪个字符进行对齐 |
| charoff | number（任意整数） | 规定第一个对齐字符的缩进量 |
| valign | top，middle bottom，baseline | 规定 tbody 元素中内容的垂直对齐方式 |

**实例 3-7**：利用表格结构化的方式，优化成绩单的代码布局，使其语义化更加完善，结构更加清晰，并在表格底部用 tfoot 添加一行单元格用于汇总。在浏览器中得到的效果如图 3-7 所示。

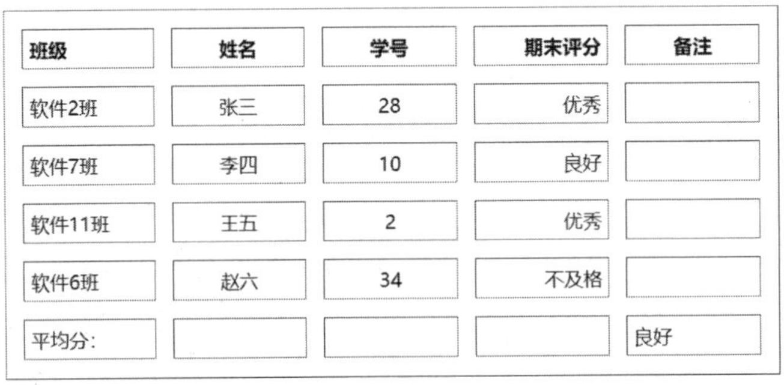

图 3-7　表格的语义化

实现实例 3-7 效果的代码如下所示：

```
<table border="1" cellpadding="5" cellspacing="15">
    <thead>
        <tr>
            <th width="100" align="left">班级</th>
            <th width="100">姓名</th>
            <th width="100">学号</th>
            <th width="100" align="right">期末评分</th>
```

```html
            <th width="100">备注</th>
        </tr>
    </thead>
    <tbody>
        <tr>
            <td>软件 2 班</td>
            <td align="center">张三</td>
            <td align="center">28</td>
            <td align="right">优秀</td>
            <td> </td>
        </tr>
        <tr>
            <td>软件 7 班</td>
            <td align="center">李四</td>
            <td align="center">10</td>
            <td align="right">良好</td>
            <td> </td>
        </tr>
        <tr>
            <td>软件 11 班</td>
            <td align="center">王五</td>
            <td align="center">2</td>
            <td align="right">优秀</td>
            <td> </td>
        </tr>
        <tr>
            <td>软件 6 班</td>
            <td align="center">赵六</td>
            <td align="center">34</td>
            <td align="right">不及格</td>
            <td> </td>
        </tr>
    </tbody>
    <tfoot>
        <tr>
            <td>平均分：</td>
            <td></td>
            <td></td>
            <td>良好</td>
        </tr>
    </tfoot>
</table>
```

### 3.1.2 跨行跨列

使用单元格标签的属性"rowspan"进行单元格的上下合并，使用单元格标签的属性"colspan"进行单元格的左右合并，属性使用格式如下：

```html
<td rowspan="数值">单元格内容</td>
<td colspan="数值">单元格内容</td>
```

其中，"rowspan"与"colspan"属性的取值为整数，代表几个单元格进行上下合并。

**实例 3-8**：创建一个完整的成绩单，表头包含"学号""姓名""成绩"，将表头的成绩细分为"平时成绩""期中成绩""期末成绩""总评",并在表格末尾添加一格综合成绩的单元格。在浏览器中得到的效果如图 3-8 所示。

| 学号 | 姓名 | 成绩 |||| 
|---|---|---|---|---|---|
| | | 平时成绩 | 期中成绩 | 期末成绩 | 总评 |
| 20210123 | 张三 | 7.3 | 542 | 602 | 优秀 |
| 20210456 | 李四 | 8.2 | 472 | 527 | 良好 |
| 20210789 | 王五 | 5.9 | 354 | 269 | 差 |
| 软件11班综合成绩:良好 ||||||

图 3-8　合并单元格示例

实现实例 3-8 的代码如下所示:

```html
<table width="500px" border="1">
   <tr>
     <th rowspan="2">学号</th>
     <th rowspan="2">姓名</th>
     <th colspan="4">成绩</td>
   </tr>
   <tr>
      <td align="center">平时成绩</td>
      <td align="center">期中成绩</td>
      <td align="center">期末成绩</td>
      <td align="center">总评</td>
   </tr>
   <tr>
      <td align="center">20210123</td>
      <td align="center">张三</td>
      <td align="center">7.3</td>
      <td align="center">542</td>
      <td align="center">602</td>
      <td align="center" bgcolor="#98FB98">优秀</td>
   </tr>
   <tr>
      <td align="center">20210456</td>
      <td align="center">李四</td>
      <td align="center">8.2</td>
      <td align="center">472</td>
      <td align="center">527</td>
      <td align="center" bgcolor="#F4A460">良好</td>
   </tr>
   <tr>
      <td align="center">20210789</td>
      <td align="center">王五</td>
      <td align="center">5.9</td>
      <td align="center">354</td>
      <td align="center">269</td>
      <td align="center" bgcolor="#FF6347">差</td>
   </tr>
   <tr>
      <td colspan="6" align="right">软件 11 班综合成绩:良好</td>
   </tr>
</table>
```

## 任务实施

第一步：设定页面基础格式，为<body>标签设置背景图片作为论坛底色，随后创建一个宽高为100%的容器表格。在容器表格的首行中添加一个内容居中对齐的单元格，在该单元格中创建一个两行三列的表格作为网站的标题。设定标题表格只显示行之间的边框，将第一行第二格与第二行第二格合并，在其中填充网站欢迎语。最后一格中添加注册与登录链接并靠左对齐，代码如下所示：

```html
<body background="bg.jpg">
    <table width="100%" height="100%">
        <tr>
            <td align="center">
                <table rules="rows" width="100%" height="50px">
                    <tr>
                        <td width="40%"> </td>
                        <td width="20%" rowspan="2" align="center">
                            <h2>欢迎来到校园学生论坛</h2>
                        </td>
                        <td width="40%"> </td>
                    </tr>
                    <tr>
                        <td width="40%"> </td>
                        <td width="40%" align="left"> 
                            <a href="#">注册</a>
                            <a href="#">登录</a>
                        </td>
                    </tr>
                </table>
            </td>
        </tr>
    </table>
<body>
```

在页面中实现的效果如图 3-9 所示。

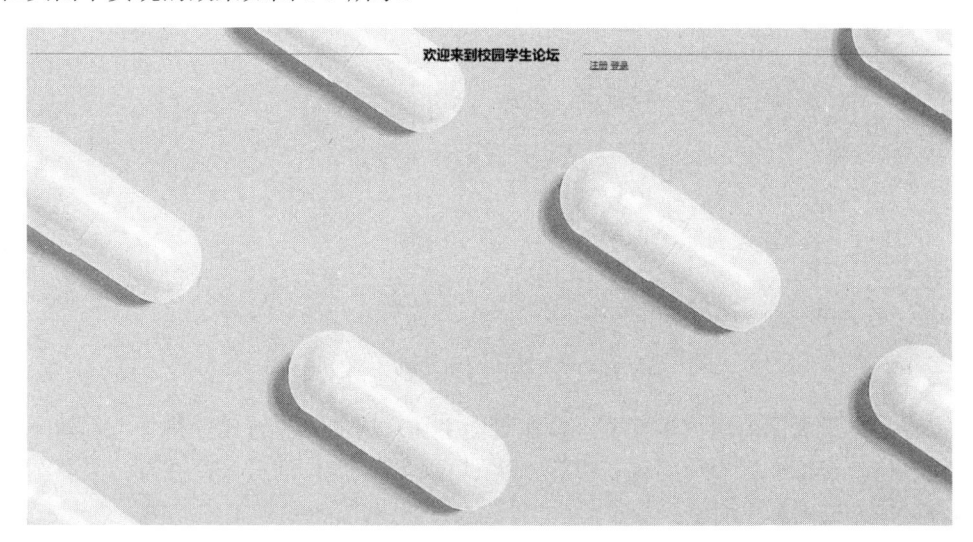

图 3-9　页面整体样式

第二步：实现页面的导航分区，在容器表格的第二行中，创建一个5列的页面主体表格，在第一行中使用超链接标签为网站创建导航栏，代码如下所示：

```html
<tr>
    <td align="center">
        <table cellpadding="5px" cellspacing="5px" rules="all" frame="box">
            <tr>
                <td width="300px" bgcolor="#EBF0F8" align="center">
                    <a href="#">快捷通道</a>
                </td>
                <td width="300px" bgcolor="#EBF0F8" align="center">
                    <a href="#">国际观察</a>
                </td>
                <td width="300px" bgcolor="#EBF0F8" align="center">
                    <a href="#">国内热点</a>
                </td>
                <td width="300px" bgcolor="#EBF0F8" align="center">
                    <a href="#">明星娱乐</a>
                </td>
                <td width="300px" bgcolor="#EBF0F8" align="center">
                    <a href="#">官方发布</a>
                </td>
            </tr>
        </table>
    </td>
</tr>
```

在页面中实现的效果如图3-10所示。

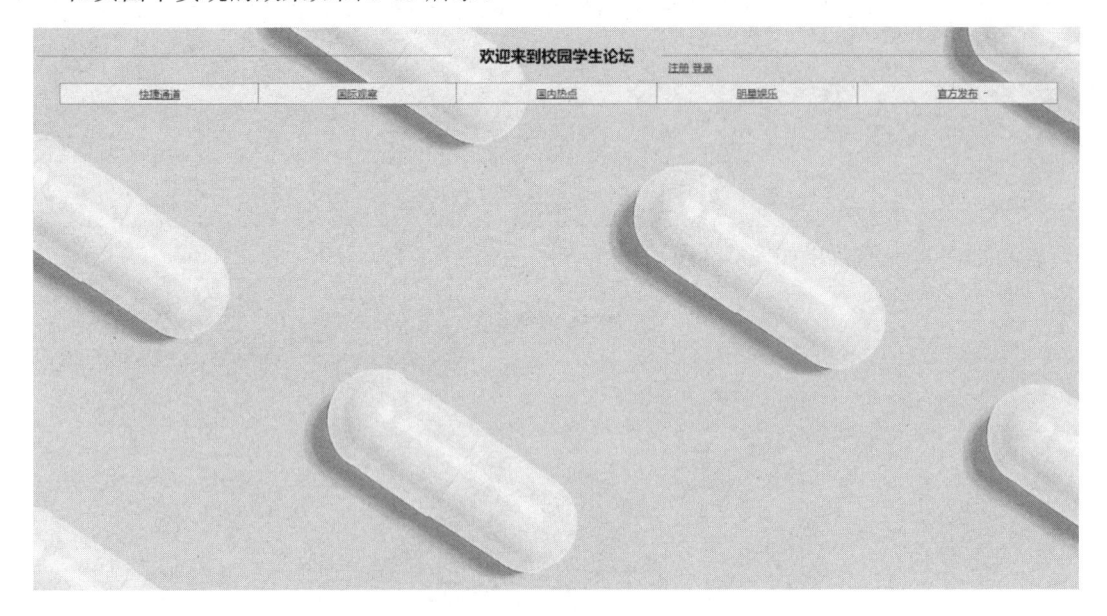

图3-10　网站导航

第三步：实现页面的快捷访问分区，在页面主体表格的第二行第一格中，创建一个一列的侧边栏表格，在每一行中使用列表标签，实现网站的快捷访问分区，并设定只显示列表首行的列表样式，代码如下所示：

```html
<tr>
    <td>
        <table>
            <tr>
                <td>
                    <ul type="none">
                        <li type="disc">
                            高校直通车
                        </li>
                        <li>
                            <a href="#">北京大学</a>
                        </li>
                        <li>
                            <a href="#">清华大学</a>
                        </li>
                        <li>
                            <a href="#">浙江大学</a>
                        </li>
                        <li>
                            <a href="#">上海交大</a>
                        </li>
                        <li>
                            <a href="#">复旦大学</a>
                        </li>
                        <li>
                            <a href="#">南京大学</a>
                        </li>
                    </ul>
                </td>
            </tr>
            <tr>
                <td>
                    <ul type="none">
                        <li type="disc">
                            社区服务
                        </li>
                        <li>
                            <a href="#">社区公告</a>
                        </li>
                        <li>
                            <a href="#">建议申请</a>
                        </li>
                        <li>
                            <a href="#">用户投诉</a>
                        </li>
                        <li>
                            <a href="#">议事广场</a>
                        </li>
                        <li>
                            <a href="#">社区帮助</a>
                        </li>
                        <li>
                            <a href="#">用户搜索</a>
                        </li>
                    </ul>
                </td>
            </tr>
            <tr>
```

```html
                        <td>
                            <ul type="none">
                                <li type="disc">
                                    综合
                                </li>
                                <li>
                                    <a href="#">我的大学</a>
                                </li>
                                <li>
                                    <a href="#">铅笔森林</a>
                                </li>
                                <li>
                                    <a href="#">中学时代</a>
                                </li>
                                <li>
                                    <a href="#">青涩情怀</a>
                                </li>
                                <li>
                                    <a href="#">时尚乐园</a>
                                </li>
                                <li>
                                    <a href="#">校园歌曲</a>
                                </li>
                            </ul>
                        </td>
                    </tr>
                </table>
            </td>
        </tr>
    </table>
  </td>
</tr>
```

在页面中实现的效果如图 3-11 所示。

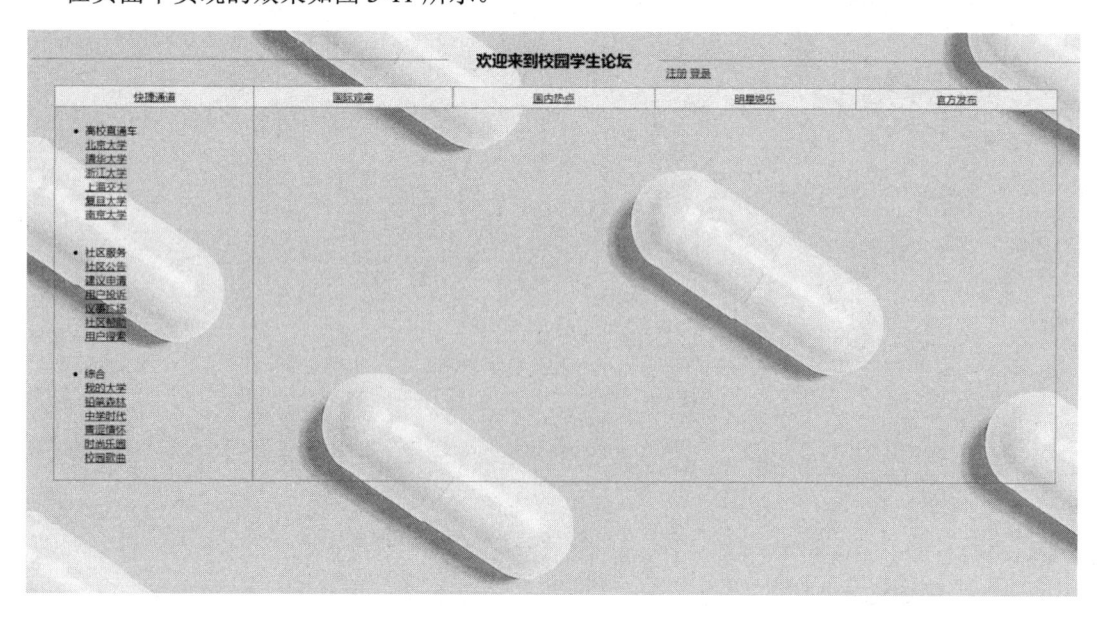

图 3-11 侧边导航栏

第四步：实现页面的讨论分区，设定页面主体表格的第二行第二格横跨 3 格，并靠顶部对齐，在其中创建一个宽度为 950 像素，表格内边距为 10 的热帖表格，并设定其显示行与列之间的边框。代码如下所示：

```html
        <td colspan="3" valign="top">
          <table width="950px" cellpadding="10" rules="all">
            <tr>
                <td colspan="5" align="center" bgcolor="">
                    <h3>
                        <img src="hot.png" width="20px" height="20px">
                        近期热帖
                    </h3>
                </td>
            </tr>
            <tr>
                <th align="left" width="50%">标题</th>
                <th align="left">作者</th>
                <th align="left">点击量</th>
                <th align="left">回复数</th>
                <th align="left">上次回复时间</th>
            </tr>
            <tr bgcolor="#FFFFFF">
                <td width="50%"><a href="#">五十年前的校园日记</a></td>
                <td>荆州平安是福</td>
                <td>42160</td>
                <td>489</td>
                <td>10-29 12:23</td>
            </tr>
            <tr>
                <td width="50%"><a href="#">简明中国思想史</a></td>
                <td>幸福你我</td>
                <td>843</td>
                <td>20</td>
                <td>10-28 18:02</td>
            </tr>
            <tr bgcolor="#FFFFFF">
                <td width="50%"><a href="#">白话文学史</a></td>
                <td>芜湖</td>
                <td>711</td>
                <td>21</td>
                <td>10-28 17:48</td>
            </tr>
            <tr>
                <td width="50%"><a href="#">西方语言学的文字观是错误的</a></td>
                <td>情真意深义薄云天</td>
                <td>79</td>
                <td>1</td>
                <td>10-28 13:51</td>
            </tr>
            <tr bgcolor="#FFFFFF">
                <td width="50%"><a href="#">失眠第二天，记录一下研究生生活吧</a></td>
                <td>青山檐</td>
                <td>7413</td>
                <td>123</td>
                <td>10-24 08:04</td>
            </tr>
```

```html
            <tr>
                <td width="50%"><a href="#">什么是本性？人性的本质是什么？</a></td>
                <td>青春失乐园罗曼史</td>
                <td>152</td>
                <td>2</td>
                <td>10-20 22:41</td>
            </tr>
            <tr bgcolor="#FFFFFF">
                <td width="50%"><a href="#">穿越时空对话，感受文化魅力</a></td>
                <td>乡音知多少 2021</td>
                <td>52</td>
                <td>0</td>
                <td>10-18 21:31</td>
            </tr>
            <tr>
                <td width="50%"><a href="#">如果让你重新选择一次大学专业，你会选什么？</a></td>
                <td>现场发给发给</td>
                <td>74184</td>
                <td>522</td>
                <td>10-18 17:19</td>
            </tr>
            <tr bgcolor="#FFFFFF">
                <td width="50%"><a href="#">当活疫苗外源基因过多表达时（转载）</a></td>
                <td>落日望极</td>
                <td>45</td>
                <td>1</td>
                <td>10-17 17:05</td>
            </tr>
            <tr>
                <td colspan="5" align="center">第[1][2][3][4]页</td>
            </tr>
        </table>
    </td>
</tr>
```

在页面中实现的效果如图 3-12 所示。

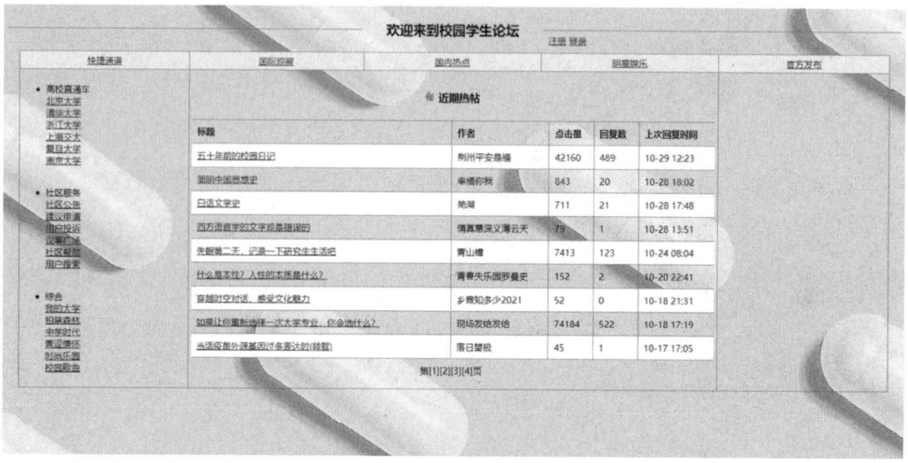

图 3-12 热帖讨论分区

第五步：实现页面的官方发布分区，设定页面主体表格第二行的最后一格为顶部对齐，在其中创建一个只有一列的新闻表格，设定其首行为水平居中对齐并添加标题内容，第二行为水平居右对齐并添加标题描述，最后一行使用<img>标签添加图片与<p>标签的图片描述，代码如下所示：

```html
<td valign="top">
    <table>
        <tr>
            <td align="center">
                <h1>众志成城 抗击疫情</h1>
            </td>
        </tr>
        <tr>
            <td align="right">——真情奉献 大爱无疆</td>
        </tr>
        <tr>
            <td align="center">
                <img src="COVID.jpg" width="250px">
                <p>坚持就是胜利</p>
            </td>
        </tr>
    </table>
</td>
```

在页面中实现的效果如图 3-13 所示。

图 3-13 官方发布分区

# 任务 3.2 制作论坛登录页面

## 任务目标

本任务是实现校园学生论坛网站的第二步，制作网站中的用户登录页面，该页面主要由表单的基本元素组成，通过表单标签完成对用户信息的收集，表格标签负责布局。通过本任务的学习，掌握表单基本元素的使用方法。

## 任务准备

### 3.2.1 表单的基本语法

表单的主要功能是收集信息。例如，在网上申请一个邮箱，需要按照该网站提供的样式填写信息，包括姓名、年龄、联系方式等个人信息。又如，在某论坛上发言，发言之前要申请资格，即填写一个表单网页。表单主要用于收集网页上浏览者的相关信息，其标签为 <form></form>，表单的基本语法格式如下所示：

```
<form name="name" method="method" action="url" enctype="value" target="target_win"> </form>
```

<form>标签的属性如表 3-4 所示。autocomplete 和 novalidate 属性是 HTML5 中的新属性。

表 3-4 &lt;form&gt;标签的属性

| 属 性 | 描 述 |
| --- | --- |
| name | 表单的名称 |
| method | 定义表单结果从浏览器传送到服务器的方法，一般有两种方法：get 和 post |
| action | 用来定义表单处理程序（ASP、CGI 等程序）的位置（相对地址或绝对地址） |
| enctype | 设置表单资料的编码方式 |
| target | 设置返回信息的显示方式 |
| accept-charset | 规定服务器可处理的表单数据字符集 |
| autocomplete | 规定是否启用表单的自动完成功能，有 on 和 off 两个参数 |
| novalidate | 设置了该特性不会在表单提交之前对其进行验证 |

**实例 3-9：** 定义表单的 ID 为"user-form"，表单的传递方式为"post"，表单传递后的数据由 aa.asp 文件来处理。在浏览器中得到的效果如图 3-14 所示。

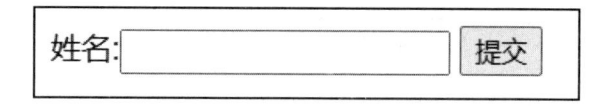

图 3-14 表单基本效果

实现实例 3-9 的代码如下所示：

```
<body>
    <form action="aa.asp" method="post" id="user-form">
        姓名:<input type="text" name="fname">
        <input type="submit">
    </form>
</body>
```

method 属性有 post 和 get 两个值，post 表示将所有表单元素的数据打包起来进行传递；get 表示需要将参数数据队列加到提交表单的 action 属性所指的 URL 中，值和表单内各个字段一一对应。

关于 get 的注意事项：
- 以名称/值对的形式将表单数据追加到 URL。
- 不要使用 get 发送敏感数据（提交的表单数据在 URL 中可见）。
- URL 的长度受到限制（2048 个字符）。
- 对于用户希望将结果添加为书签的表单提交很有用。
- get 适用于非安全数据，如 Google 中的查询字符串。

关于 post 的注意事项：
- 将表单数据附加在 HTTP 请求的正文中（不在 URL 中显示提交的表单数据）。
- post 没有大小限制，可用于发送大量数据。
- 带有 post 的表单提交无法添加书签。

如果表单数据包含敏感信息或个人信息，如密码等，务必使用 post。

### 3.2.2 基本元素介绍

表单元素的作用是让用户在表单中输入信息，如文本域、密码框、单选按钮、复选框、下拉列表等。<form>标签常用的 4 种元素如表 3-5 所示。通过表单元素，表单可以在网页中实现调查、订购、搜索等功能。

表 3-5 <form>标签常用的 4 种元素

| 标 记 | 描 述 |
| --- | --- |
| <input> | 根据赋予的类型定义功能 |
| <select> | 定义一个选择列表 |
| <option> | 定义一个下拉列表中的选项 |
| <textarea> | 定义一个文本域（一个多行）的输入控件 |

#### 1. 单行文本输入框

单行文本输入框是一种允许用户输入和编辑文本的控件，HTML 描述为<input type="text">，通常用于注册表单中的用户名、密码等输入框。单行文本输入框的常见属性及含义如表 3-6 所示。

表 3-6 单行文本输入框的常见属性及含义

| 属 性 值 | 含 义 |
| --- | --- |
| id | 单行文本框的专属编号 |
| name | 单行文本框的名称 |
| value | 单行文本框的初始值 |
| size | 单行文本框的长度 |
| maxlength | 在单行文本框中能够输入的最大的字符数 |

**实例 3-10**：通过使用单行文本输入框在浏览器中创建一个用于用户填充手机号和用户名的表单，在浏览器中得到的效果如图 3-15 所示。

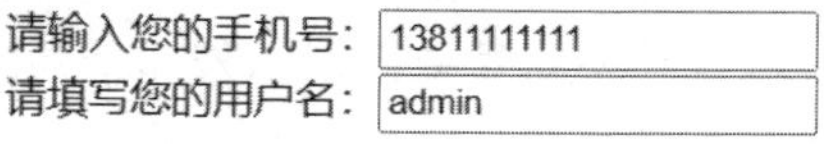

实现实例 3-10 的代码如下所示：

图 3-15　单行文本输入框

```
<form action="#">
    请输入您的手机号：<input type="text">
    <br>
    请填写您的用户名：<input type="text">
</form>
```

#### 2．密码输入框

密码输入框是一种特殊的文本输入框，主要用于输入保密信息，在浏览器中显示为黑点或者其他符号，增强了文本输入框的安全性。在实例 3-10 中添加密码输入框，如图 3-16 所示。

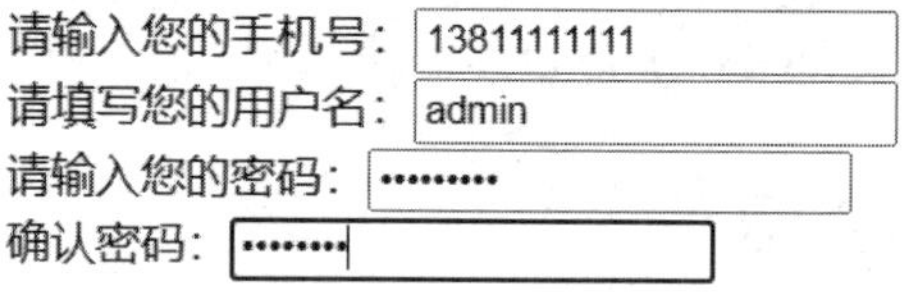

图 3-16　密码输入框

添加的代码如下所示：

```
请输入您的密码：<input type="password">
<br>
确认密码：<input type="password">
```

#### 3．按钮

input 中的 button 类型可以在表单中添加一个按钮，通过修改 value 值可以更改按钮上显示的内容，基本 HTML 代码为<input type="button" value="">。在浏览器中添加的一个按钮，如图 3-17 所示。

图 3-17　按钮

代码如下所示：

```
请输入您的手机号：
<input type="text">
<input type="button" value="发送验证码">
```

#### 4．多行文本输入框

多行文本输入框允许用户填写多行内容，HTML 代码为<textarea></textarea>，通过 HTML 的 "col" 和 "rows" 属性设置多行文本输入框的尺寸。多行文本输入框的属性如表 3-7 所示。

表 3-7 多行文本输入框的属性

| 属 性 值 | 描 述 |
|---|---|
| cols | 指定多列文本的可见的列数 |
| rows | 指定多行文本的可见的行数 |
| name | 指定多行文本输入框的名称 |
| disable | 在多行文本输入框中无效，无法填写 |
| maxlength | 在多行文本输入框中能够输入的最大字符数 |

**实例 3-11**：通过使用多行文本输入框<textarea></textarea>在浏览器中创建一个用于用户填充个人介绍的文本框，并通过"cols"与"rows"属性限定可见的列数为 10 列，可见行数为 5 行，通过设定 maxlength 属性，最大字符数为 200。在浏览器中得到的效果如图 3-18 所示。

图 3-18 多行文本输入框

实现实例 3-11 的代码如下所示：

```
<form>
    请填写您的个人介绍：
    <textarea name="myself" id="demo" cols="10" rows="5" maxlength= "200">
    </textarea>
</form>
```

**5．单选框与复选框**

单选框主要控制网页浏览者在一组选项中选择一个选项而复选框则与之对应选择多个选项。它们对应的属性如表 3-8 所示。

表 3-8 单选框与复选框属性

| 属 性 值 | 含 义 |
|---|---|
| name | 选择框按钮组的名称，同一组按钮有相同名称<br>单选框中同一组只能选择一个 |
| value | 选择框按钮进行数据传递时的选项值 |
| checked | 默认选择该选项 |

为了优化用户的体验，HTML 表单中还有<label>标签，<label>标签经常与单选框和复选框组合使用，使用该标签后，单击单选框或复选框的文本也可以选中选项。<label>标签有一个属性"for"，for 属性用于定位与<label>标签绑定的表单元素，其值需要与要绑定的表单元素的 id 值相同。

**实例 3-12**：通过使用 radio 类型，在页面中添加一个选择性别单选框，并使用"checkbox"创建一个用户喜好类型复选框。在浏览器中得到的效果如图 3-19 所示。

请选择您的喜好类型： ☑运动 ☑艺术 □学术 ☑萌宠
请选择您的性别： 男 ○ 女 ◉

图 3-19　单选框与复选框

实现实例 3-12 的代码如下所示：

```html
<form>
    请选择您的喜好类型：
    <input type="checkbox" name="hobby" id="sport">
    <label for="sport">运动</label>
    <input type="checkbox" name="hobby" id="art">
    <label for="art">艺术</label>
    <input type="checkbox" name="hobby" id="science">
    <label for="science">学术</label>
    <input type="checkbox" name="hobby" id="animals">
    <label for="animals">萌宠</label>
    <br>
    请选择您的性别：
    <label for="man">男</label>
    <input type="radio" name="sex" id="man">
    <label for="woman">女</label>
    <input type="radio" name="sex" id="woman">
</form>
```

### 6．下拉选择框

下拉选择框是在有限的空间内设置多个选项的控件。在下拉选择框中有列表控件和选项控件，HTML 代码分别为"<select>...</select>"和"<option>...</option>"。它们的常用属性及含义如表 3-9 和表 3-10 所示。

表 3-9　<select>标签常用属性及含义

| 属　性　值 | 含　　义 |
| --- | --- |
| multiple | 允许多选 |
| size | size 属性规定了下拉列表中可见选项的数目。如果 size 属性的值大于 1，但是小于列表中选项的总数目，则浏览器会显示滚动条，表示可以查看更多选项 |

表 3-10　<option>标签常用属性及含义

| 属　性　值 | 含　　义 |
| --- | --- |
| value | 选项被选中后进行数据传递时的值 |
| checked | 默认选项 |

请选择注册的服务器所在地：上海 ∨
上海
广东
北京
天津
台湾

图 3-20　下拉列表选择框

**实例 3-13**：在页面中添加一个下拉选择框，让用户选择服务器所在地址，其中包含值为"上海""广东""北京""天津"和"台湾"。在浏览器中得到的效果如图 3-20 所示。

实现实例 3-13 的代码如下所示：

```
<form>
    请选择注册的服务器所在地：
    <select name="place" id="demo_select">
        <option value="上海">上海</option>
        <option value="广东">广东</option>
        <option value="北京">北京</option>
        <option value="天津">天津</option>
        <option value="台湾">台湾</option>
    </select>
</form>
```

### 7. 提交与重置

当表单内容填充完毕后，需要添加一个"提交"按钮把用户填写的表单数据提交至服务器，"提交"按钮需要使用"submit"类型。添加"重置"按钮"reset"可以使表单内容初始化，如图 3-21 所示。

**实例 3-14**：使用提交类型"submit"来将表单内的数据提交到服务器，同样为了优化用户体验，在注册表单的最后添加一个"重置"按钮，来快捷初始化表单内容。在浏览器中得到的效果如图 3-22 所示。

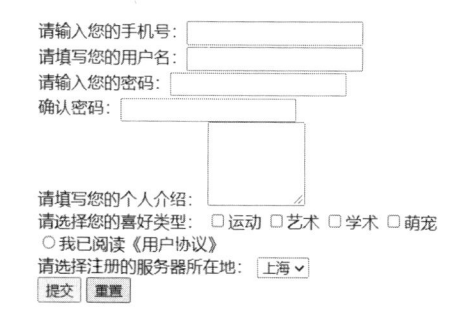

图 3-21 表单重置为初始值

图 3-22 "提交"与"重置"按钮

实现实例 3-14 的代码如下所示：

```
<form action="#">
    请输入您的手机号：<input type="text">
    <br>
    请填写您的用户名：<input type="text">
    <br>
    请输入您的密码：<input type="password">
    <br>
    确认密码：<input type="password">
    <br>
    请填写您的个人介绍：
    <textarea name="myself" id="demo" cols="10" rows="5" maxlength="200">
    </textarea>
    <br>
    请选择您的喜好类型：
    <input type="checkbox" name="hobby">运动
    <input type="checkbox" name="hobby">艺术
    <input type="checkbox" name="hobby">学术
    <input type="checkbox" name="hobby">萌宠
```

```
        <br>
        <input type="radio" name="demo">我已阅读《用户协议》
        <br>
        请选择注册的服务器所在地：
        <select name="place" id="demo_select">
            <option value="上海">上海</option>
            <option value="广东">广东</option>
            <option value="北京">北京</option>
            <option value="天津">天津</option>
            <option value="台湾">台湾</option>
        </select>
        <br>
        <input type="submit" value="提交">
        <input type="reset" value="重置">
    </form>
```

## 任务实施

第一步：调整页面的背景图片，创建一个基础的容器表格，代码如下所示：

```
<body background="bgimg.jpg">
    <table width="100%">
        <tr>
            <td align="center">
                <h1>用户登录</h1>
            </td>
        </tr>
    </table>
</body>
```

在页面中实现的效果如图 3-23 所示。

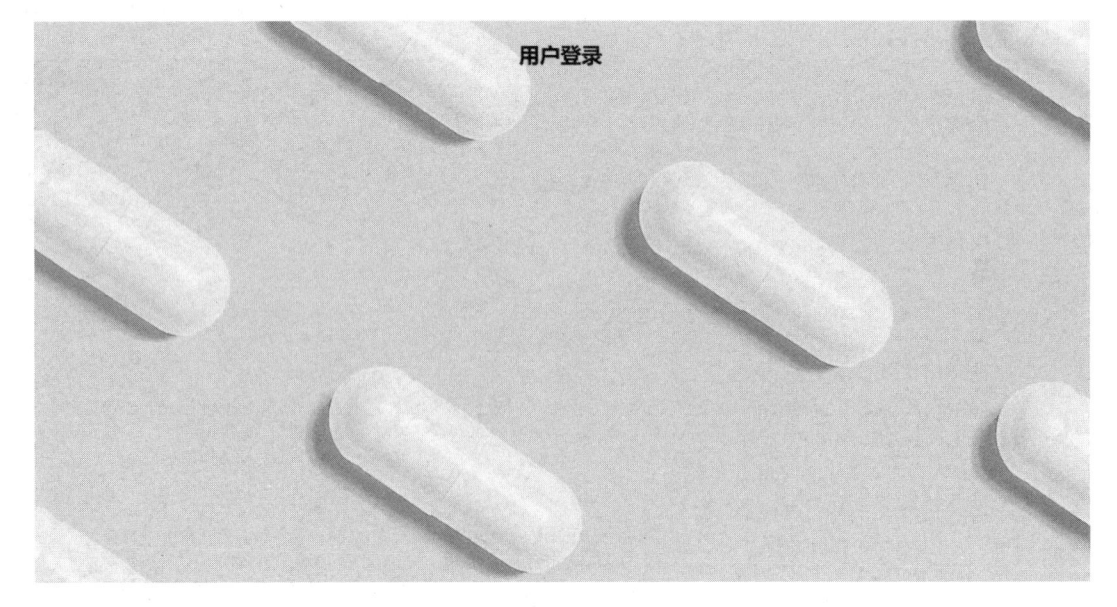

图 3-23 调整页面标题

第二步：在容器表格的第二行中创建一个宽度为 1000 像素的表格并设定其只显示外边框，设定第二行的单元格水平居中对齐。在其中填充一个两列的登录表单表格，每一个表单元素独占一行，代码如下所示：

```html
<body background="bgimg.jpg">
  <table width="100%">
    <tr>
      <td align="center">
        <h1>用户登录</h1>
      </td>
    <tr>
      <td align="center">
        <form action="#">
          <table cellpadding="5" rules="all" frame="box">
            <tr>
              <td>
                用户名
              </td>
              <td>
                <input type="text"><br>
              </td>
            </tr>
            <tr>
              <td>
                密码
              </td>
              <td>
                <input type="password"><br>
              </td>
            </tr>
          </table>
        </form>
</body>
```

在页面中实现的效果如图 3-24 所示。

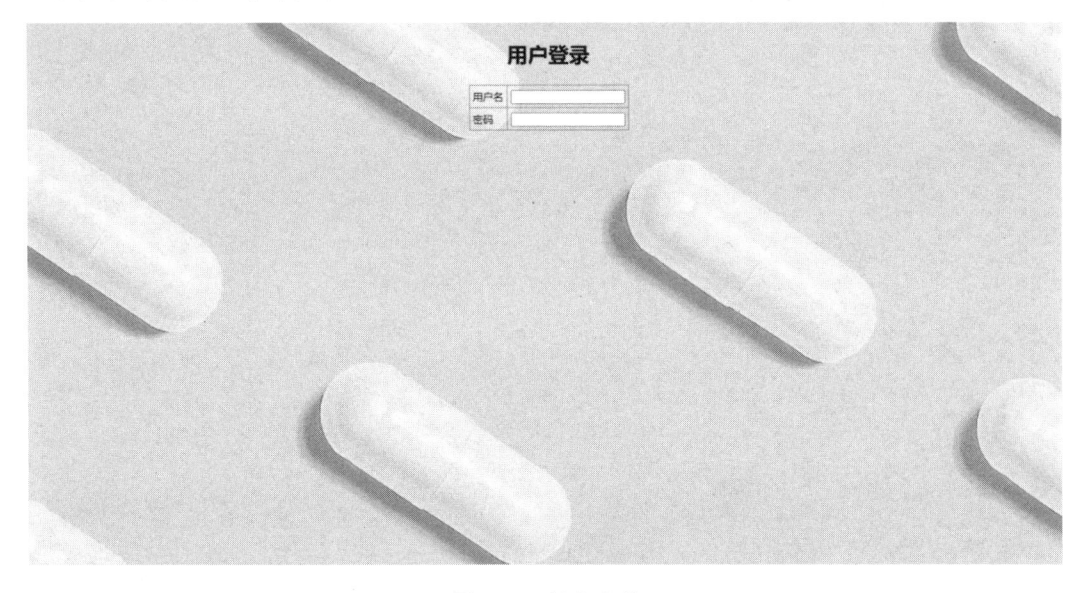

图 3-24　填充表单

第三步：添加"我已阅读并同意《用户协议》"单选框，将其所在的单元格左右合并，并添加<img>标签完成验证码的输入表单，代码如下所示：

```html
<tr>
    <td colspan="2" align="center">
      <label for="yes">我已阅读并同意《用户协议》</label>
      <input type="radio">
    </td>
</tr>
<tr>
    <td>
       请输入验证码
    </td>
    <td>
      <input type="text">
    </td>
</tr>
<tr>
    <td colspan="2" align="center">
       <img src="code.png" width="100px" height="50px">
    </td>
</tr>
<tr align="center">
    <td>
      <input type="submit" value="提交">
    </td>
    <td>
      <input type="reset" value="重置">
    </td>
</tr>
```

在页面中实现的效果如图 3-25 所示。

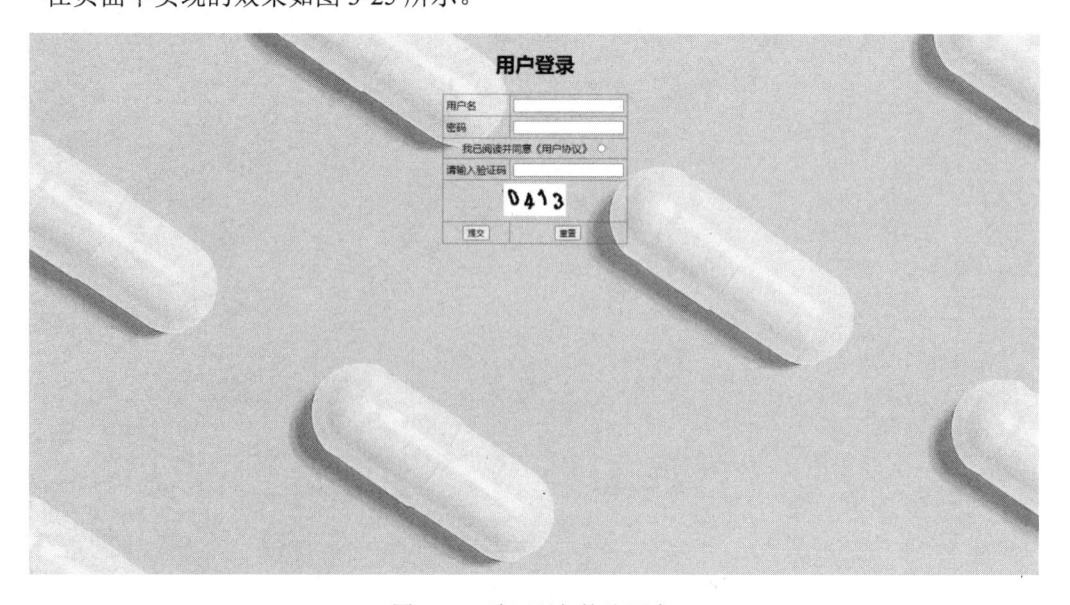

图 3-25　验证码与协议同意

## 任务 3.3　制作论坛注册页面

### 任务目标

在 HTML5 中，添加了多种标签用于完善表单的功能。在使用 HTML5 新增表单元素创建元素时，会有一些额外的功能，可以优化程序的运行，例如，email 类型会在用户输入非邮箱文本时加以提示。通过本任务的学习，完成论坛注册页面，掌握 HTML5 新表单元素的应用。

### 任务准备

#### 3.3.1　&lt;datalist&gt;元素

HTML5 表单的&lt;datalist&gt;元素可以在用户输入文本时弹出预留的可选数据，让用户可以快捷输入，例如，在搜索框中输入内容时，提示最近热点信息等。&lt;datalist&gt;元素需要配合 input 元素的 list 属性使用，通过让 list 值等于 datalist 的 id 值来绑定列表与文本框。

&lt;datalist&gt;中同样包含&lt;select&gt;元素中的&lt;option&gt;元素，通过设置&lt;option&gt;元素的 value 值，可以调整建议的内容，语法格式如下所示：

```
<input list="datalist_id">
<datalist id="datalist_id">
  <option value="需要提示的信息">
  <option value="需要提示的信息">
  <option value="需要提示的信息">
    ...
</datalist>
```

实例 3-15：在表单中添加一个文本输入框，用于给用户搜索内容，并使用 datalist 元素方便用户用热点消息进行提示搜索，提示列表的内容为"冰雪之约中国之邀""北京冬奥会倒计时 100 天""双十一消费券"和"北京疫情最新消息"。在浏览器中得到的效果如图 3-26 所示。

实现实例 3-15 的代码如下所示：

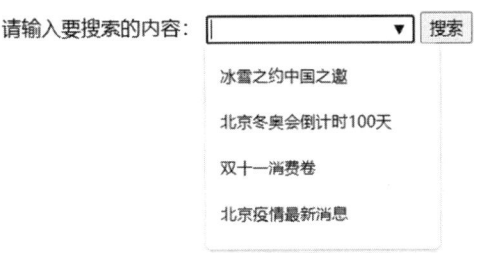

图 3-26　简易搜索提示信息

```
<form>
    请输入要搜索的内容：
    <input list="hot" type="text">
    <datalist id="hot">
        <option value="冰雪之约中国之邀"></option>
        <option value="北京冬奥会倒计时 100 天"></option>
        <option value="双十一消费券"></option>
        <option value="北京疫情最新消息"></option>
```

```
        </datalist>
        <input type="submit" value="搜索">
</form>
```

### 3.3.2 HTML5 新增 input 类型与属性

#### 1. url 类型

url 类型用于包含 URL 地址的输入域。在提交表单时，会自动验证 url 域的值。HTML 代码为<input type="url">，设置完 url 属性后从外观上看与普通的单行文本输入框类似，将此类型放到表单中，单击"提交"按钮，如果输入框中输入的不是一个 URL 地址，则将无法提交。

**实例 3-16**：使用 url 类型输入框，自动验证用户填充的文本，当单击"提交"按钮时，给用户以提示信息。在浏览器中得到的效果如图 3-27 所示。

图 3-27　URL 输入框

实现实例 3-16 的代码如下所示：

```
<form>
    请输入您的主页地址：<input type="url">
    <input type="submit" value="提交">
</form>
```

#### 2. color 类型

color 类型是<input>元素中的一个特定种类，用来创建一个允许用户使用颜色选择器，或输入兼容 CSS 语法的颜色代码的区域。

**实例 3-17**：当系统设置的默认颜色用户不满意时，添加自定义颜色的调色卡，当用户单击时，即可弹出调色卡用于选色操作，优化用户体验。在浏览器中得到的效果如图 3-28 所示。

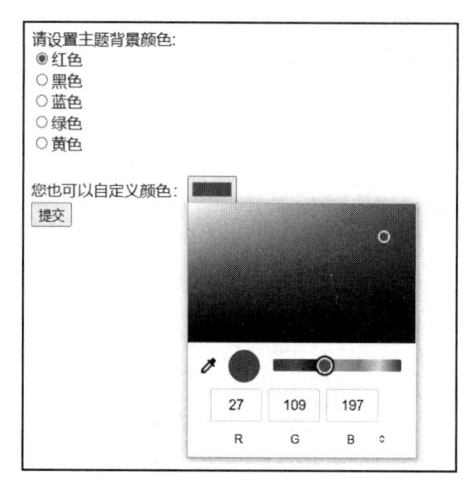

图 3-28　color 类型

实现实例 3-17 的代码如下所示：

```
<form>
    请设置主题背景颜色：
    <br>
    <input type="radio" name="color" checked>红色<br>
    <input type="radio" name="color">黑色<br>
    <input type="radio" name="color">蓝色<br>
    <input type="radio" name="color">绿色<br>
    <input type="radio" name="color">黄色<br>
    <br>
    您也可以自定义颜色：<input type="color"><br>
    <input type="submit">
</form>
```

### 3. number 类型

number 类型提供了一个输入数字的类型，通过这个选项，用户可以直接选择要输入的数字或者通过单击微调框中的"向上"或"向下"按钮选择数字，需要注意的是，在直接手动输入时，无法限制数字的上下限。

在滚动选择数字的时候没有上限与下限，在一些应用场景会出现严重的错误，例如，年龄、身高、体重、网购时一次性购买的数量等。需要使用属性"min"和"max"来限制输入的最大最小值。

**实例 3-18**：在页面中设置一个限制用户一次性购买数量的数字输入框，修改实例 3-16 的代码，设置"min"的值为 1，"max"的值为 5。在浏览器中得到的效果如图 3-29 所示。

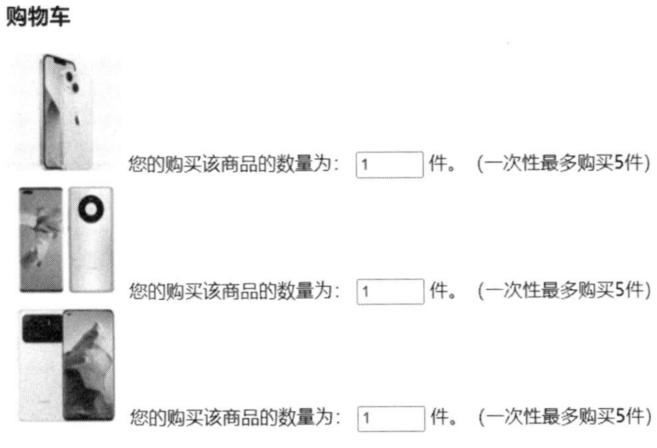

图 3-29  number 类型

实现实例 3-18 的代码如下所示：

```
<form>
    <h3>购物车</h3>
    <img src="iphone13.png" width="100px" height="100px">
    您的购买该商品的数量为：
    <input type="number" min="1" max="5" value="1" id="number1">
    件。（一次性最多购买5件）
    <br>
    <img src="huawei.png" width="100px" height="100px">
    您的购买该商品的数量为：
```

```
<input type="number" min="1" max="5" value="1" id="number2">
件。（一次性最多购买 5 件）
<br>
<img src="xiaomi.png" width="100px" height="100px">
您的购买该商品的数量为：
<input type="number" min="1" max="5" value="1" id="number3">
件。（一次性最多购买 5 件）
</form>
```

#### 4．range 类型

range 类型用来显示划动的控件，它可以通过刻度滑动来赋值。range 类型有 min、max、step 等几种特有属性。range 类型默认不显示最大值、最小值与当前数值，需要配合文本与 <output>元素使用。range 类型同样可以通过 max 与 min 属性限定最大值、最小值，并且通过 step 属性可以设置划动一格的数值。

**实例 3-19**：用 range 类型在浏览器中创建一个调整"亮度"的划动控件组。在浏览器中得到的效果如图 3-30 所示。

图 3-30  range 类型

实现实例 3-19 的代码如下所示：

```
<form>
    <p>亮度:</p>
    0
    <input type="range" id="light" min="0" max="100" step="1" value="50">
    100
</form>
```

#### 5．date 类型

在 HTML5 中，新增了日期和时间输入类型，包括"date""datetime""datetime-local""month""week"和"time"。它们的具体含义如表 3-11 所示。

表 3-11  date 的属性

| 属　　性 | 描　　述 |
| --- | --- |
| date | 选取日、月、年 |
| month | 选取月、年 |
| week | 选取周和年 |
| time | 选取时间（小时和分钟） |
| datetime | 选取时间、日、月、年（UTC 时间） |
| datetime-local | 选取时间、日、月、年（本地时间） |

**实例 3-20**：使用 date 属性在浏览器中放置一个生日选择框的代码，使用户单击输入框中的"向下"按钮，即可在打开的窗口中选择需要的日期。在浏览器中得到的效果如图 3-31 所示。

实现实例 3-20 的代码如下所示：

```
<form>
    请输入您的生日：
    <input type="date" name="bday">
    <input type="submit">
</form>
```

图 3-31    date 类型

### 6．e-mail 类型

e-mail 属性用于包含 E-mail 地址的输入域。在提交表单时，会自动验证 e-mail 域的值。HTML 代码为<input type="e-mail" name="e-mail">。如果用户输入的邮箱地址不合法，则单击"提交邮箱"按钮后，会提示输入正确的邮箱。在浏览器中添加一个邮箱输入框的效果如图 3-32 所示。

图 3-32    e-mail 类型

实现图 3-33 所示效果的代码如下所示：

```
<form>
    E-mail: <input type="e-mail" name="user_mail">
    <br>
    <input type="submit" value="提交邮箱">
</form>
```

### 7．search 类型

<input type="search"> 用于搜索字段（搜索字段的表现类似常规文本字段）。在浏览器中添加一个 search 类型的文本输入框的效果如图 3-33 所示。

图 3-33    search 类型

实现图 3-33 所示效果的代码如下所示：

```
<form action="/demo/demo_form.asp">
    搜索谷歌：
    <input type="search" name="googlesearch">
    <input type="submit">
</form>
```

### 8．tel 类型

<input type="tel"> 用于应该包含电话号码的输入字段。目前只有 Safari 8 及其更新版本支持 tel 类型。在浏览器中添加一个电话号码输入框的效果如图 3-34 所示。

图 3-34    tel 类型

实现图 3-34 所示效果的代码如下所示：

```
<form action="action_page.php">
    电话号码：
    <input type="tel" name="usrtel">
```

```
    <input type="submit">
</form>
```

### 9. placeholder 属性

placeholder 属性提供了一种提示信息，描述了输入域所期待的值。placeholder 属性适用于以下类型的<input>标签：text、url、e-mail 及 password。提示信息会在输入域为空时显示，在输入域获得焦点时消失。HTML 代码为<input type="text" placeholder="Search " >。

**实例 3-21**：优化表单输入，在每个表单输入框中添加默认提示，提醒用户在该文本框中需要使用什么类型的文本。在浏览器中得到的效果如图 3-35 所示。

图 3-35　placeholder 默认提示

实现实例 3-21 的代码如下所示：

```
<form>
    <input type="text" placeholder="请输入您的手机号">
    <br>
    <input type="text" placeholder="请填写您的用户名">
    <br>
    <input type="password" placeholder="请输入您的密码">
    <br>
    <input type="password" placeholder="确认密码">
    <br>
</form>
```

### 10. required 属性

required 属性用于标记该表单元素为必填元素，若不填写则无法提交。required 属性不需要参数，在<input>标签中填写后即可实现效果。required 属性适用于以下输入类型：text、url、email、password、number、checkbox 和 radio。

**实例 3-22**：使用 required 属性限定表单中 password 类型与"我已阅读《用户协议》"单选框为必填项。当不填写 password 进行提交时，效果如图 3-36 所示。

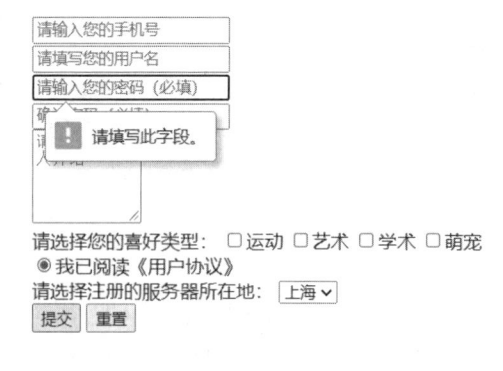

图 3-36　required 属性

实现实例 3-22 的代码如下所示：

```
<form action="#">
    <input type="text" placeholder="请输入您的手机号">
    <br>
    <input type="text" placeholder="请填写您的用户名">
```

```html
        <br>
        <input type="password" placeholder="请输入您的密码（必填）" required>
        <br>
        <input type="password" placeholder="确认密码（必填）" required>
        <br>
        <textarea name="myself" id="demo" cols="10" rows="5" maxlength="200" placeholder="请填写您的个人介绍"></textarea>
        <br>
        请选择您的喜好类型：
        <input type="checkbox" name="hobby">运动
        <input type="checkbox" name="hobby">艺术
        <input type="checkbox" name="hobby">学术
        <input type="checkbox" name="hobby">萌宠
        <br>
        <input type="radio" name="demo" required>我已阅读《用户协议》
        <br>
        请选择注册的服务器所在地：
        <select name="place" id="demo_select">
            <option value="上海">上海</option>
            <option value="广东">广东</option>
            <option value="北京">北京</option>
            <option value="天津">天津</option>
            <option value="台湾">台湾</option>
        </select>
        <br>
        <input type="submit" value="提交">
        <input type="reset" value="重置">
</form>
```

## 任务实施

第一步：分析要制作的网页部分，效果如图 3-37 所示。在图中包含的表单注册，可以使用 HTML5 新标签完成邮箱地址、手机号文本框默认提示信息等功能。

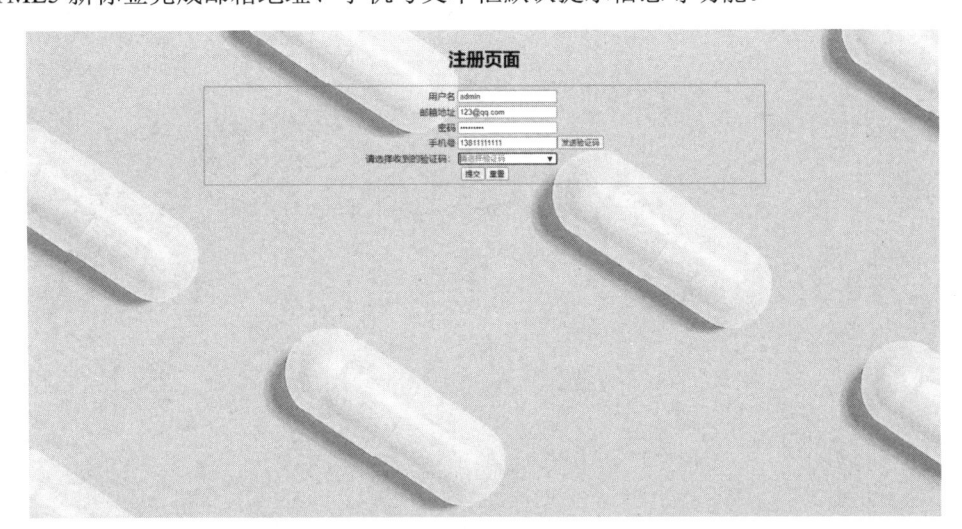

图 3-37　页面分析

第二步：在表格的第二行的单元格中，设定该单元格内容水平居中对齐，并在其中创建一个表单容器表格，设定该表格宽度为1000像素，只显示外边框。在表单容器表格中的首行创建表单元素，在其中添加填写用户名、密码、邮箱地址的输入框并设定其为必填表单，最后在表单的底部添加"提交"按钮，代码如下所示：

```html
<body background="bgimg.jpg">
    <table width="100%">
      <tr>
        <td align="center">
          <h1>注册页面</h1>
        </td>
      </tr>
      <tr>
        <td align="center">
          <table frame="box" width="1000px">
            <tr>
              <td align="center">
                <form action="#">
                  <table>
                    <tr>
                      <td align="right">
                        用户名
                      </td>
                      <td>
                        <input type="text" required>
                      </td>
                    </tr>
                    <tr>
                      <td align="right">
                        邮箱地址
                      </td>
                      <td>
                        <input type="email" required>
                      </td>
                    </tr>
                    <tr>
                      <td align="right">
                        密码
                      </td>
                      <td>
                        <input type="password" required>
                      </td>
                    </tr>
                  </table>
                </form>
              </td>
            </tr>
          </table>
        </td>
      </tr>
    </table>
</body>
```

在页面中实现的效果如图 3-38 所示。

图 3-38　添加用户名、密码与邮箱地址

第三步：为表单中添加手机号输入框，密码、验证码输入框设定其为必填项，验证码输入框中显示默认提示为"请选择验证码"。在手机号输入框后添加一个"发送验证码"按钮，并使用<datalist>表单元素设定验证码选项，代码如下所示：

```html
<body background="bgimg.jpg">
    <table width="100%">
     <tr>
      <td align="center">
        <h1>注册页面</h1>
      </td>
     </tr>
     <tr>
      <td align="center">
        <table frame="box" width="1000px">
         <tr>
           <td align="center">
             <form action="#">
              <table>
               <tr>
                 <td align="right">
                   用户名
                 </td>
                 <td>
                   <input type="text" required>
                 </td>
               </tr>
               <tr>
                 <td align="right">
                   邮箱地址
                 </td>
                 <td>
                   <input type="email" required>
                 </td>
               </tr>
               <tr>
                 <td align="right">
                   密码
                 </td>
                 <td>
                   <input type="password" required>
                 </td>
               </tr>
               <tr>
                 <td align="right">
```

```html
                        手机号
                    </td>
                    <td>
                        <input type="tel" required><input type="button" value="发送验证码">
                    </td>
                </tr>
                <tr>
                    <td align="right">
                        请选择收到的验证码：
                    </td>
                    <td>
                        <input type="text" required list="code" placeholder="请选择验证码">
                        <datalist id="code">
                          <option value="F12A"></option>
                          <option value="H1CZ"></option>
                          <option value="L9UF"></option>
                          <option value="90AS"></option>
                        </datalist>
                    </td>
                </tr>
                <tr align="center">
                    <td colspan="2">
                        <input type="submit"><input type="reset">
                    </td>
                </tr>
            </table>
          </form>
        </td>
      </tr>
    </table>
   </td>
  </tr>
 </table>
</body>
```

在页面中实现的效果如图 3-39 所示。

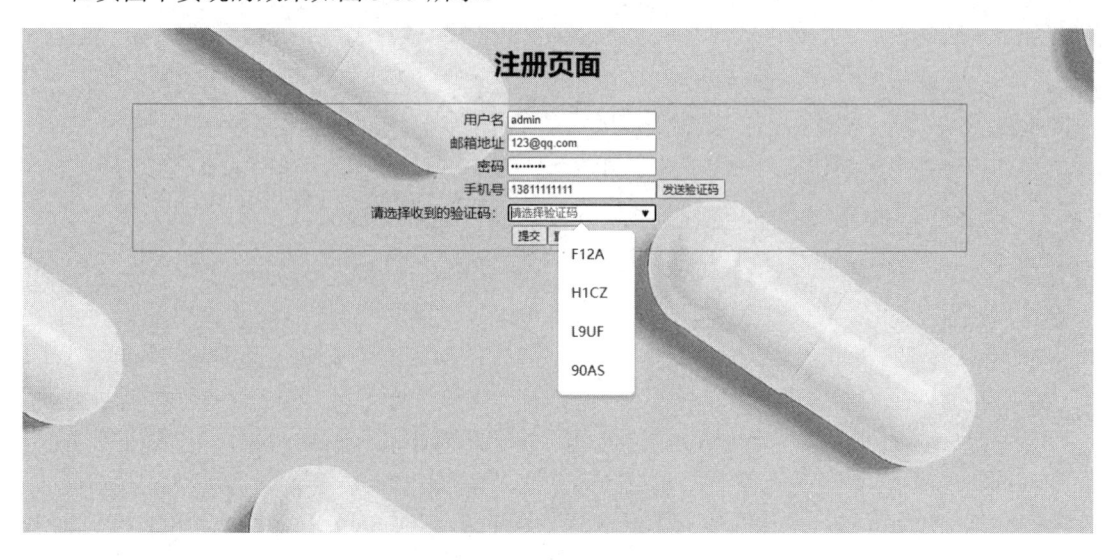

图 3-39　完成注册页面

## 项目总结

本项目通过对校园学生论坛网站的制作，主要分为三个任务，分别是使用表格来对页面进行布局，使用表单基本元素制作登录页面，使用表单 HTML5 新元素完成对注册页面的制作。通过该任务的实现，能够掌握 HTML5 中的新表单元素，并能够熟练使用表格布局页面。

# 项目 4
# HTML5 音视频标签

## 项目概述

以音乐感悟党史，用歌声铭记初心。在庆祝中国共产党成立 100 周年之际，为推动爱国学习教育进一步入脑入心，我校以"唱响百年辉煌，凝聚奋进力量"为主题，正式启动"红色音乐鉴赏"系列活动，并在校园学生论坛中举办"红色音乐鉴赏"系列活动，目的就是要深化拓展红色思想学习教育效果，让广大师生和干部群众通过聆听红色音乐，深刻缅怀筚路蓝缕的岁月，回溯激情燃烧的年代，进一步传承红色基因，赓续精神血脉，始终坚守初心使命。本项目分为两个任务（制作论坛音乐分区和制作论坛视频欣赏分区），以供大家通过音视频的方式了解红色精神，同时能够熟练使用应用音视频标签。

思政拓展 通过红色音乐 了解党史

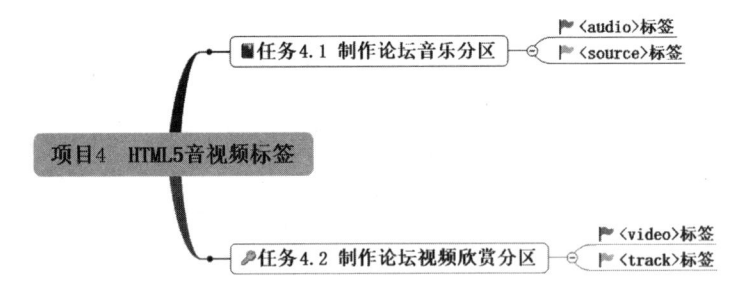

## 项目导航

- 任务4.1 制作论坛音乐分区
  - \<audio\>标签
  - \<source\>标签
- 项目4 HTML5音视频标签
- 任务4.2 制作论坛视频欣赏分区
  - \<video\>标签
  - \<track\>标签

## 任务 4.1 制作论坛音乐分区

### 任务目标

本任务为论坛的音视频分区的第一步，通过使用音频标签在论坛网站中添加音乐播放器。并使用\<source\>标签优化兼容性，以应对不同类型的浏览器，最后让论坛的用户可以欣赏到"红色音乐鉴赏"的内容。通过本任务的学习，熟练掌握音频标签的使用方法。

## 任务准备

### 4.1.1 \<audio>标签

<audio>标签定义了播放声音文件或者音频流的标准,其支持三种音频格式,分别为OGG、MP3、WAV。<audio>标签的属性及其属性值的描述如表4-1所示。一对<audio>标签里的内容会在浏览器不支持<audio>标签时显示。

表4-1 \<audio>标签的属性及其属性值的描述

| 属性 | 值 | 描述 |
| --- | --- | --- |
| autoplay | autoplay | 如果出现该属性,则音频在就绪后自动播放 |
| controls | controls | 如果出现该属性,则向用户显示控件,比如播放按钮等 |
| loop | loop | 如果出现该属性,则每当音频结束时重新开始播放 |
| muted | muted | 表示网页中的音频是否被静音 |
| preload | preload | 如果出现该属性,则音频在页面加载时自动加载,并预备播放<br>如果使用"autoplay",则忽略该属性 |
| src | url | 要播放的音频的URL |

**实例4-1**:通过使用<audio>标签,添加一段显示控制器的音频,指定其播放名为demo.mp3的文件,并设置其在音频加载完成时自动播放,最后在音频播放结束时自动重播。在浏览器中得到的效果如图4-1所示。

图4-1 \<audio>标签

实现实例4-1的代码如下所示:

```
<audio src="demo.mp3" controls="controls" autoplay="autoplay" loop="loop">
    抱歉,您的浏览器不支持该音频文件
</audio>
```

### 4.1.2 \<source>标签

HTML5给音视频标签提供了<source>标签。<source>标签可以规定多个视频/音频文件,以供浏览器根据它对格式的支持进行选择。<source>标签主要使用"src"和"type"两个属性,分别表示文件的位置及文件类型。

**实例4-2**:通过在<audio>标签内添加<source>标签,用于兼容不同浏览器的音频文件支持类型。在浏览器中得到的效果如图4-2所示。

**音频：**

图 4-2　&lt;source&gt;标签

实现实例 4-2 的代码如下所示：

```
<h2>音频：</h2>
<audio controls="controls">
    <source src="demo.ogg" type="audio/ogg">
    <source src="demo.mp3" type="audio/mp3">
    抱歉，您的浏览器不支持显示该音频
</audio>
```

## 任务实施

第一步：分析页面，如图 4-3 所示。在页面中需要使用表格列出整个"红色音乐鉴赏"系列活动的歌单，其中对三种播放器使用不同的属性调整，并使用&lt;img&gt;标签添加歌曲封面。在优美雄壮的旋律和歌声中，用户深刻感受了红色音乐的强大凝聚力和艺术感染力，加深了对党的历史认识和理解、对初心使命的体会和感悟。

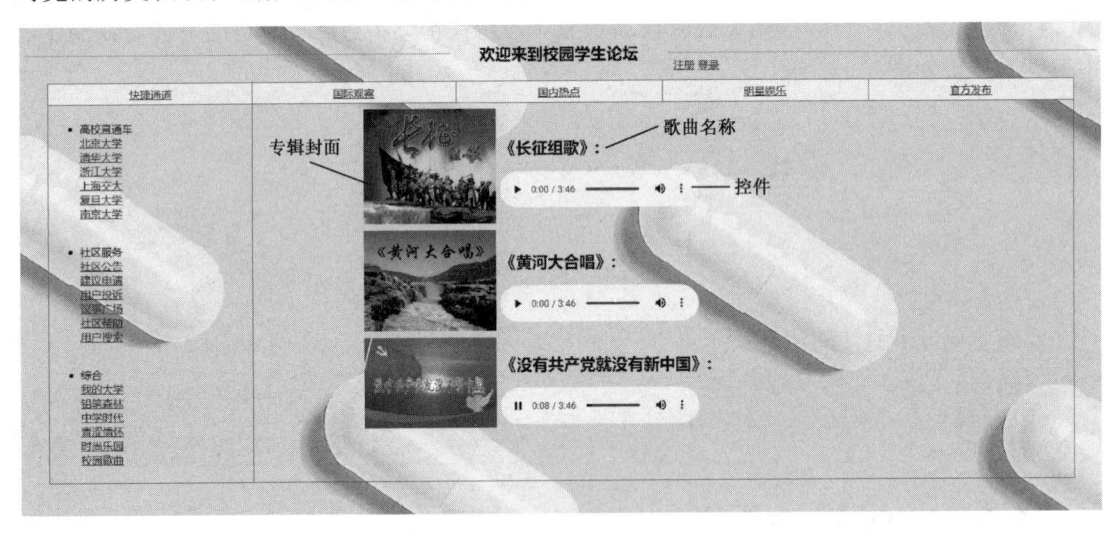

图 4-3　论坛页面基本结构

第二步：在主题表格中创建三行，并在每一行中添加第一、三列为&lt;img&gt;标签的专辑封面、&lt;h2&gt;标签的歌曲名称，并设定显示每一个播放器的控件。通过修改&lt;audio&gt;标签的属性，实现对不同音频的自动播放、循环播放与页面同时加载功能，代码如下所示：

```
<td colspan="4" valign="top">
    <table width="950px" cellpadding="2">
```

```html
        <tr>
          <td align="right">
            <img src="redlongway.png" width="200px">
          </td>
          <td>
            <h2>《长征组歌》:</h2>
            <audio src="demo.mp3"  controls="controls" preload="auto">
              抱歉，您的浏览器不支持该音频
            </audio>
          </td>
        </tr>
        <tr>
          <td align="right">
            <img src="yellowriver.png" width="200px">
          </td>
          <td>
            <h2>《黄河大合唱》:</h2>
            <audio controls="controls" src="demo.mp3"  loop="loop">
              抱歉，您的浏览器不支持该音频
            </audio>
          </td>
        </tr>
        <tr>
          <td align="right">
             <img src="withoutdangwithoutChina.png" width="200px">
          </td>
          <td>
            <h2>《没有共产党就没有新中国》:</h2>
            <audio src="demo.mp3"  controls="controls" autoplay="autoplay">
              抱歉，您的浏览器不支持该音频
            </audio>
          </td>
        </tr>
      </table>
  </td>
```

在页面中实现的效果如图 4-4 所示。

图 4-4　添加播放器

第三步：使用&lt;source&gt;标签完善音频播放器的格式，使其兼容 OGG 与 MP3 两种格式，并使用&lt;img&gt;标签添加活动宣传图，代码如下所示：

```html
                <td colspan="4" valign="top">
<table width="950px" cellpadding="2">
    <tr>
        <td align="right">
            <img src="redlongway.png" width="200px">
        </td>
        <td>
            <h2>《长征组歌》</h2>
        </td>
        <td>
            <audio controls="controls" preload="auto">
                <source src="demo.mp3" type="audio/mp3">
                <source src="demo.ogg" type="audio/ogg">
                抱歉，您的浏览器不支持该音频
            </audio>
        </td>
    </tr>
    <tr>
        <td align="right">
            <img src="yellowriver.png" width="200px">
        </td>
        <td>
            <h2>《黄河大合唱》</h2>
        </td>
        <td>
            <audio controls="controls" loop="loop">
                <source src="demo.mp3" type="audio/mp3">
                <source src="demo.ogg" type="audio/ogg">
                抱歉，您的浏览器不支持该音频
            </audio>
        </td>
    </tr>
    <tr>
        <td align="right">
            <img src="withoutdangwithoutChina.png" width="200px">
        </td>
        <td>
            <h2>《没有共产党就没有新中国》</h2>
        </td>
        <td>
            <audio controls="controls" autoplay="autoplay">
```

```
            <source src="demo.mp3" type="audio/mp3">
            <source src="demo.ogg" type="audio/ogg">
            抱歉，您的浏览器不支持该音频
        </audio>
      </td>
    </tr>
  </table>
</td>
```

在页面中实现的效果如图 4-5 所示。

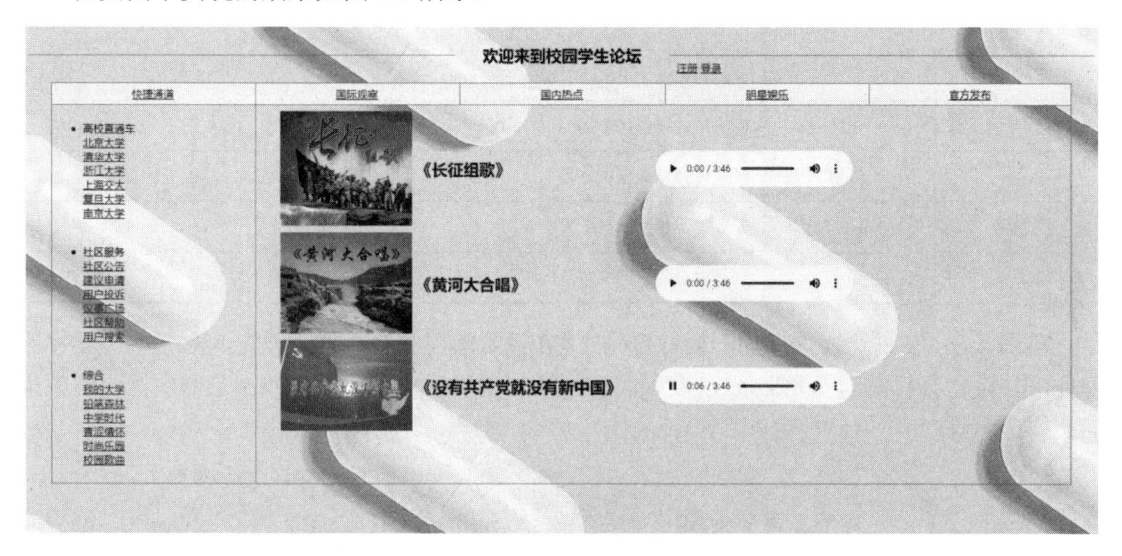

图 4-5　完成多格式支持

## 任务 4.2　制作论坛视频欣赏分区

### 任务目标

本任务为实现"红色音乐鉴赏"系列活动论坛页面的第二步，通过使用视频标签来为页面中添加"红色音乐鉴赏"系列活动视频内容，并为其添加字幕。通过本任务的学习，熟练掌握视频标签的使用。

### 任务准备

#### 4.2.1　<video>标签

<video>标签定义了播放视频文件或者视频流的标准，它支持 3 种视频格式，分别为 OGG、Webm 和 MP4。<video>标签的属性及其属性值的描述如表 4-2 所示。一对<video>标签里的内

容会在浏览器不支持<video>标签时显示。

表4-2 <video>标签的属性及其属性值的描述

| 属性 | 值 | 描述 |
| --- | --- | --- |
| autoplay | autoplay | 如果出现该属性，则视频在就绪后自动播放 |
| controls | controls | 如果出现该属性，则向用户显示控件，比如播放按钮等 |
| loop | loop | 如果出现该属性，则当媒介文件完成播放后再次开始播放 |
| muted | muted | 表示网页中的视频是否被静音 |
| preload | preload | 如果出现该属性，则视频在页面加载时进行加载，并预备播放<br>如果使用"autoplay"，则忽略该属性 |
| src | url | 要播放的视频的 URL |
| height | pixels | 设置视频播放器的高度 |
| width | pixels | 设置视频播放器的宽度 |
| poster | url | 规定视频的封面 URL |

**实例 4-3**：在浏览器中添加一段宽度为 1200 像素的视频播放器，设定其显示浏览器视频控件，并设定其封面为 demo.png，最后在视频播放完成后自动重播。在浏览器中得到的效果如图 4-6 所示。

图 4-6 视频标签

实现实例 4-3 的代码如下所示：

```
<video src="demo.mp4" poster="demo.png" controls="controls" loop="loop" width="1200px">
    抱歉，您的浏览器不支持显示该视频
</video>
```

## 4.2.2 <track>标签

<track>标签可以作为音视频标签的子元素使用，它可以指定一个时序文本内容，如字幕等。其支持的类型有 WebVTT 格式（.vtt 文件）和时序文本标记语言 TTML（.ttml 文件）。<track>标签的属性及其描述如表 4-3 所示。

表 4-3  <track>的属性及其描述

| 属　性 | 值 | 描　述 |
|---|---|---|
| default | default | 设定该标签的文件为默认启用，每个视频标签内只能有一个<track>标签有 default 属性 |
| kind | captions | 表明该文件内容为隐藏式字幕，它定义了对话和声音效果的翻译，也适用于聋哑用户 |
|  | chapters | 表明该文件内容为视频章节标题，它定义了适合浏览媒体资源的章节标题 |
|  | descriptions | 表明该文件内容为视频文件的文本描述，它适用于失明用户 |
|  | metadata | 表明该文件内容属于网页脚本，它指出脚本使用的内容，不会显示给用户 |
|  | subtitles | 表明该文件内容属于字幕 |
| label | 文本 | 表示在控件中显示的标题 |
| src | url | 设定文件的地址 |
| srclang | 语言类型，如：en、zh-cn | 表明该文件内容的语言类型，同时当 kind 属性为 subtitles 类型时，此属性必填 |

**实例 4-4**：创建一个名为 Chinese.txt 的文件，在其中添加字幕内容后，将其名称改为 Chinese.vtt。随后在视频标签中为其添加 subtitles 类型，指定其在视频中默认启用，设定其在字幕选项中的标题为"中文"。在浏览器中得到的效果如图 4-7 所示。

图 4-7  添加字幕

实现实例 4-4 的代码如下所示：

```
<video controls="controls" height="500px">
    <source src="demo.mp4" type="video/ogg">
    <source src="demo.webm" type="video/webm">
    <track src="Chinese.vtt" default="default" type="subtitles" label="中文">
    抱歉，您的浏览器不支持显示该视频
</video>
```

Chinese.vtt 文件的内容如下所示：

```
WEBVTT

00:01.000 --> 00:02.000
如此美丽的风景
00:03.000 --> 00:04.000
连绵的山峦
00:05.000 --> 00:06.000
就像我对你的思念
00:07.000 --> 00:08.000
不曾停歇
```

## 任务实施

第一步：在任务 4.1 的基础上为页面添加视频元素，在页面中创建一个宽度为 750 像素的视频标签，并设定其显示控制器，在视频播放完成后自动重新播放，代码如下所示：

```
<td colspan="4" valign="top">
    <table width="950px" cellpadding="10" align="center">
        <tr>
            <td align="center">
                <h1>红色音乐鉴赏活动，唱响百年辉煌</h1>
                <h2>《当那一天来临时》</h2>
            </td>
        </tr>
        <tr>
            <td align="center">
                <video src="redsong.mp4" width="750px" controls="controls" loop="loop"></video>
            </td>
        </tr>
    </table>
</td>
```

在页面中实现的效果如图 4-8 所示。

第二步：使用<source>标签为视频标签添加多格式支持，并设定视频的封面，代码如下所示：

```
<td colspan="4" valign="top">
    <table width="950px" cellpadding="10" align="center">
        <tr>
            <td align="center">
                <h1>红色音乐鉴赏活动，唱响百年辉煌</h1>
                <h2>《当那一天来临时》</h2>
            </td>
        </tr>
        <tr>
```

```
          <td align="center">
            <video width="1000px" poster="poster.png" controls="controls" loop="loop">
              <source src="redsong.mp4" type="video/mp4">
              <source src="redsong.ogg" type="video/ogg">
              抱歉，您的浏览器不支持显示该视频
            </video>
          </td>
        </tr>
    </table>
  </td>
```

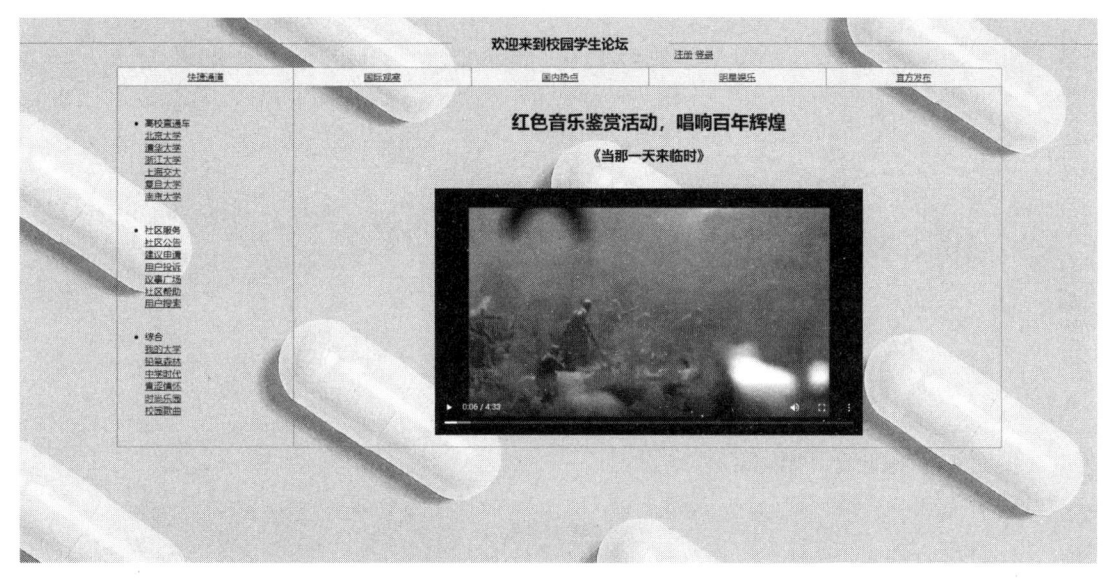

图 4-8 添加视频标签

在页面中实现的效果如图 4-9 所示。

图 4-9 设定多格式支持与封面

第三步：为视频添加字幕，代码如下所示：

```html
<td colspan="4" valign="top">
    <table width="950px" cellpadding="10" align="center">
      <tr>
        <td align="center">
            <h1>红色音乐鉴赏活动，唱响百年辉煌</h1>
            <h2>《当那一天来临时》</h3>
        </td>
      </tr>
      <tr>
        <td align="center">
            <video width="750px" poster="poster.png" controls="controls" loop="loop">
                <source src="redsong.mp4" type="video/mp4">
                <source src="redsong.ogg" type="video/ogg">
                抱歉，您的浏览器不支持显示该视频
                <track src="Chinese.vtt" srclang="zh-cn" kind="subtitles" default="default" label="中文">
            </video>
        </td>
      </tr>
    </table>
</td>
```

在页面中实现的效果如图 4-10 所示。

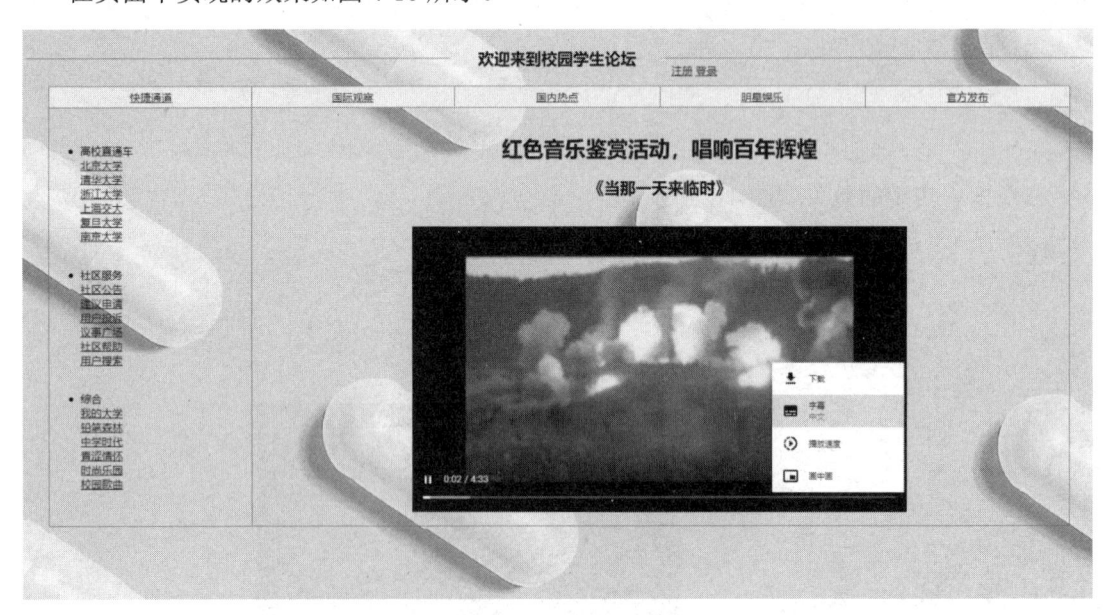

图 4-10　添加字幕

第四步：为视频分区页面添加视频菜单模块，并调整视频模块的宽度为 750 像素，代码如下所示：

```html
<td align="center">
    <table frame="box" rules="all">
```

```html
<tr>
    <td rowspan="2" align="center">
        <img src="red.png" width="400px" height="300px">
        <h3>激荡人心!"红色音乐"让党的力量在乐声中流入人心</h3>
    </td>
    <td align="center" valign="top">
        <img src="red2.png" width="200px" height="150px">
        <h3>音乐唱响,红歌百年</h3>
    </td>
    <td align="center" valign="top">
        <img src="red3.png" width="200px" height="150px">
        <h3>亳州学院开展"红色音乐"展演活动</h3>
    </td>
    <td align="center" valign="top">
        <img src="red4.png" width="200px" height="150px">
        <h3>中央音乐学院 5.23 艺术节闭幕式</h3>
    </td>
    <td align="center" valign="top">
        <img src="red5.png" width="200px" height="150px">
        <h3>党的教育"声"入人心</h3>
    </td>
</tr>
<tr>
    <td align="center" valign="top">
        <img src="red6.png" width="200px" height="150px">
        <h3>以音乐感悟党</p>
    </td>
    <td align="center" valign="top">
        <img src="red7.png" width="200px" height="150px">
        <h3>红色音乐鉴赏系列活动唱响百年辉煌</h3>
    </td>
    <td align="center" valign="top">
        <img src="red8.png" width="200px" height="150px">
        <h3>大型红色音乐鉴赏活动现场!</h3>
    </td>
    <td align="center" valign="top">
        <img src="red9.png" width="200px" height="150px">
        <h3>"红色音乐鉴赏"唱响爱党心声</h3>
    </td>
</tr>
</table>
</td>
```

在页面中得到的效果如图 4-11 所示。

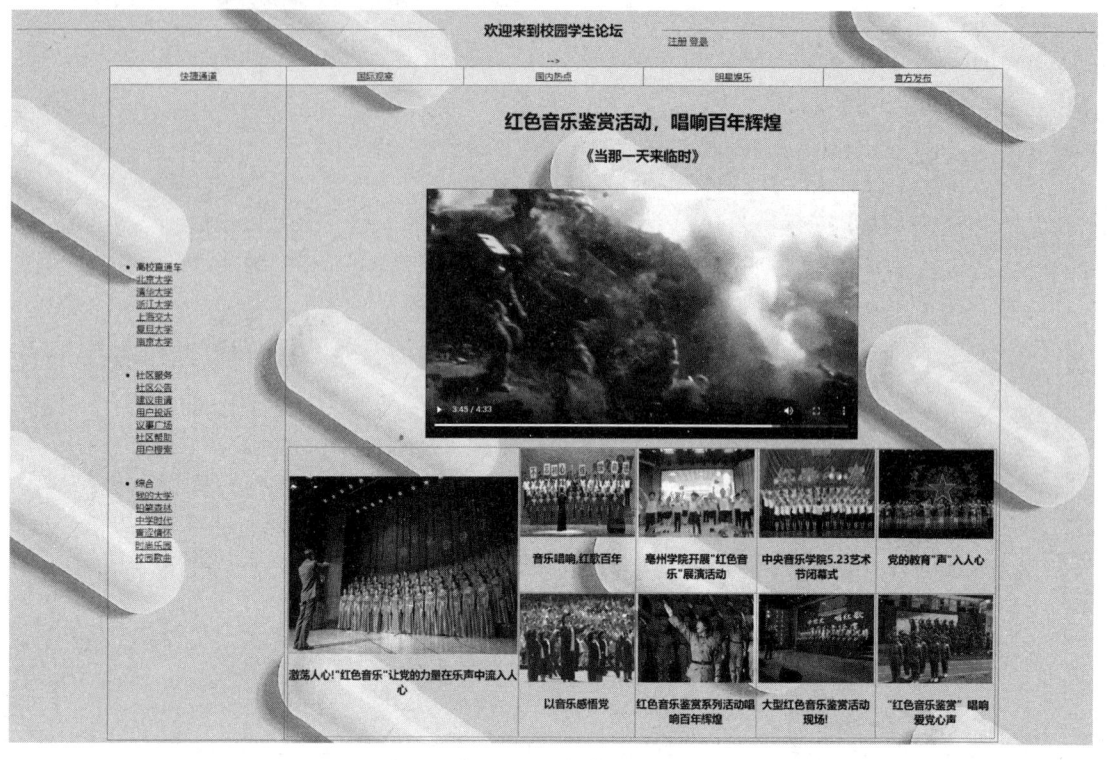

图 4-11 视频菜单栏

## 项目总结

本项目通过对红色音乐鉴赏活动分区的制作，主要分为两个任务（制作论坛音乐分区和制作论坛视频欣赏分区），分别使用音频标签在页面中添加音乐播放器，使用视频标签创建视频播放器，并使用<source>标签完成多格式的支持。通过该任务的实现，能够掌握 HTML5 中音视频标签的使用方法。

# 项目 5 CSS3 基础应用

## 项目概述

进入信息时代，我国经济高速发展，科技突飞猛进，人民生活水平日益提高，电子商务也在大家的好奇中一步步走来。网购的推广和普及，让买东西变得便捷。大到汽车、家电，小到衣服、零食，从标准化商品到订制礼物等个性化产品，网络购物覆盖面越来越广。只要是和日常生活相关的东西，几乎都可以在网上买到。坐在计算机前点点鼠标，就可以浏览海量商品，买到自己心仪的东西，体验"足不出户，购满天下"的便捷。网络购物已成为很多中国人日常生活的一部分，但在理性消费的同时，还应注意网络安全，谨防电信诈骗。本项目将通过两个任务来实现购物网站页面内容的编写、选择器的设置及 CSS 样式表的创建和引用。

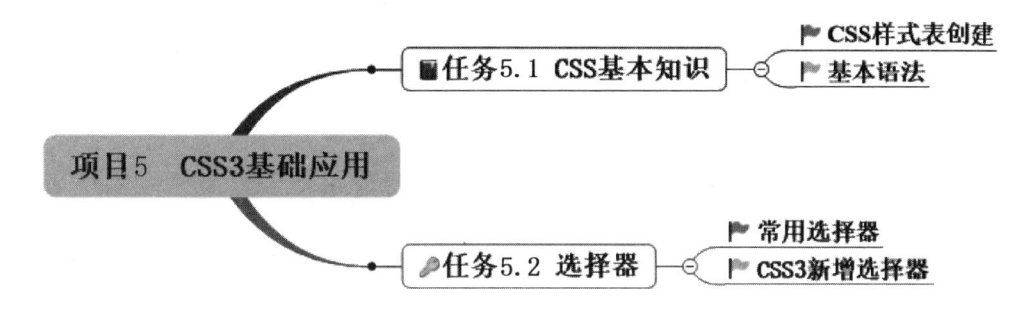

思政拓展
注意网络安全，
谨防电信诈骗

## 项目导航

项目5 CSS3基础应用
- 任务5.1 CSS基本知识
  - CSS样式表创建
  - 基本语法
- 任务5.2 选择器
  - 常用选择器
  - CSS3新增选择器

## 任务 5.1 CSS 基本知识

### 任务目标

本任务是购物网站制作的第一步，需要根据网站的布局来创建 CSS 外部样式表文件，并通过<link>标签引入，从而完成网站制作前期的准备工作。通过本任务的学习，熟悉 CSS 样式表的创建，掌握定义 CSS 样式的基本语法。

## 任务准备

### 5.1.1 CSS 样式表创建

在 CSS 中，可以通过三种方法实现样式表的创建并将样式表的功能添加到网页，分别是定义内联样式、定义内部样式和引入外部样式。

#### 1. 定义内联样式

内联样式也被称为行内样式，只需在 HTML 标记中添加 style 属性后，将 CSS 样式定义在该属性中即可，是 CSS 样式设置最简单的方式，但效果只能控制该 HTML 标记，无法做到通用和共享。语法格式如下所示：

```
<标记 style="属性:属性值;属性:属性值;">
```

**实例 5-1**：使用内联样式的方式设置 div 标签的宽度、高度、边框及背景颜色，效果如图 5-1 所示。

图 5-1 标记的 style 属性

代码如下所示：

```html
<!DOCTYPE html>
<html lang="en">
<head>
    <meta charset="UTF-8">
    <title>内联样式</title>
</head>
<body>
    <div style="width:100px; height:100px; border:2px solid black; background:red;"></div>
</body>
</html>
```

#### 2. 定义内部样式

相比于内联样式的设置，定义内部样式同样使用 style，不同的是，内部样式使用的是 <style> 标记，而 CSS 样式放入该标记中。需要注意的是，<style> 标记最好放在 <head> 标记中，便于提前被下载和解析，之后在整个 HTML 文件中直接调用该样式的标记即可，语法格式如下所示：

```
<style type="text/css">
    /*css 语句*/
</style>
```

**实例 5-2**：使用内部样式的方式设置 <div> 标签的宽度、高度、边框及背景颜色，代码如下所示：

```
<!DOCTYPE html>
<html lang="en">
<head>
    <meta charset="UTF-8">
    <title>内部样式</title>
    <style>
        div{
            width: 100px;
            height: 100px;
            border: 2px solid black;
            background:red;
        }
    </style>
</head>
<body>
<div></div>
</body>
</html>
```

### 3. 引入外部样式

除了内部样式和内联样式外，CSS 还提供外部样式，该种方式的 CSS 样式定义在 CSS 外部文件中，之后在 HTML 文件中引用该 CSS 外部文件即可。目前，有两种引入外部样式的方式，第一种是使用<link>标记，需要将该元素写在文档头部，即<head>与</head>之间，语法格式如下所示：

```
<link rel="stylesheet" type="text/css" href="目标文件的路径及文件名全称" />
```

参数说明如表 5-1 所示。

表 5-1 &lt;link&gt;标记参数说明

| 参　　数 | 描　　述 |
| --- | --- |
| rel | 定义文档关联，表示关联样式表 |
| type | 定义文档类型 |
| href | 引入 CSS 外部文件 |

**实例 5-3**：使用<link>标记引入外部样式的方式设置 div 标签的宽度、高度、边框及背景颜色，代码如下所示：

```
<!DOCTYPE html>
<html lang="en">
<head>
    <meta charset="UTF-8">
    <title>外部样式</title>
    <link rel="stylesheet" type="text/css" href="test.css" />
</head>
<body>
<div></div>
</body>
</html>
```

test.css 代码如下所示：

```
div{
    width: 100px;
    height: 100px;
    border: 2px solid black;
    background:red;
}
```

第二种是在<style>标记中使用"@import"实现 CSS 外部文件的引入,其同样写在文档头部,语法格式如下所示:

```
<style type="text/css">
    @import url(目标文件的路径及文件名全称);
    # 或者
    @import "目标文件的路径及文件名全称";
</style>
```

其中,"@"和"import"之间没有空格,"url"和小括号之间也没有空格,并且结尾必须以分号";"结束。

**实例 5-4**:使用"@import"引入外部样式的方式设置<div>标签的宽度、高度、边框及背景颜色,代码如下所示:

```
<!DOCTYPE html>
<html lang="en">
<head>
    <meta charset="UTF-8">
    <title>外部样式</title>
    <style>
        @import "test.css";
    </style>
</head>
<body>
<div></div>
</body>
</html>
```

使用<link>标记和使用"@import"导入外部样式有多种不同之处,其中:
- <link>标记属于 HTML,并且<link>标记还具有 rel 连接属性定义、RSS 定义等功能;而"@import"属于 CSS,只能加载 CSS。
- 在进行页面加载时,会同时加载<link>标记引入的 CSS 外部文件,而@import 引用的 CSS 会在页面被加载完成后再被加载。
- @import 只支持 IE5 以上的浏览器,而<link>标记则支持任意版本的浏览器。
- 在使用 JavaScript 操作 CSS 时,只能使用<link>标记,@import 不被控制。

### 5.1.2 基本语法

CSS 在设置时,主要包含两个部分,分别是选择符和声明。其中,声明由属性和属性值组成。并且,属性必须放在大括号"{}"中,属性与属性值用冒号连接。每条声明使用分号";"结尾,语法格式如下所示:

```
选择符{属性:属性值;属性:属性值;}
```

需要注意的是,当一个属性有多个属性值时,属性值之间不分先后顺序;并且,空格、换行等符号不影响属性的显示。

以<h1>标记样式的设置为例，CSS 语法说明如图 5-2 所示。

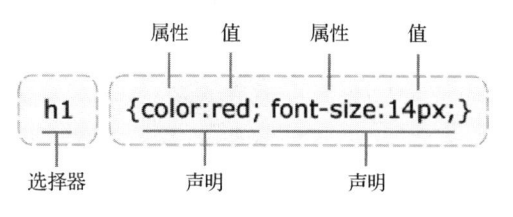

图 5-2 CSS 语法说明

## 任务实施

第一步：分析要制作的网页，效果如图 5-3 和图 5-4 所示。两图分别为移动端页面和 Web 端页面，包含 7 个部分，分别是头部、导航栏、轮播图、广告、热门商品、官方精选配件和论坛精选。

(a)

(b)

(c)

(d)

图 5-3 移动端整体结构图

图 5-4　Web 端整体结构图

第二步：创建一个 HTML5 页面，同时创建各个部分的 CSS 文件及通用 CSS 文件，并使用外部引用方式将其引入，此时代码如下所示：

```html
<!DOCTYPE html>
<html lang="en">
<head>
    <meta charset="UTF-8">
    <meta name="viewport" content="width=device-width, user-scalable=no, initial-scale=1.0, maximum-scale=1.0, minimum-scale=1.0"/>
    <title>Title</title>
    <!--通用 CSS-->
    <link rel="stylesheet" href="css/common.css">
    <!--头部 CSS-->
    <link rel="stylesheet" href="css/header.css">
    <!--导航栏 CSS-->
    <link rel="stylesheet" href="css/nav.css">
    <!--轮播图 CSS-->
    <link rel="stylesheet" href="css/slideshow.css">
    <!--广告 CSS-->
    <link rel="stylesheet" href="css/activity.css">
    <!--热门商品 CSS-->
    <link rel="stylesheet" href="css/hotproduct.css">
    <!--官方精选配件 CSS-->
    <link rel="stylesheet" href="css/partslist.css">
    <!--论坛精选 CSS-->
    <link rel="stylesheet" href="css/omnibus.css">
</head>
<body>
</body>
</html>
```

## 任务 5.2　选择器

### 任务目标

本任务将实现购物网站页面内容的定义及选择器的定义，需要根据网站包含内容选择合适的标签定义内容，并在此基础上使用 id 属性或 class 属性定义选择器，从而实现整个网站架构的制作。通过本任务的学习，熟悉 CSS 常用选择器的使用，了解 CSS3 新增选择器用法，并能够学以致用。

### 任务准备

#### 5.2.1　常用选择器

要想将 CSS 样式应用于特定的 HTML 元素，首先需要找到该目标元素，在 CSS 中，执行这一任务的样式规格部分被称为选择器，可以是元素本身，也可以是一类元素或者指定名称的元素。

目前，CSS 选择器被分为 4 个种类，分别是标签选择器、类选择器、ID 选择器和特殊选择器（如通配符选择器、群组选择器等）。

### 1．标签选择器

一个完整的 HTML 页面是由很多不同的标签组成的，而标签选择器就是以文档语言对象类型作为选择器，即使用结构中标记名称作为选择器，决定哪些标签采用相应的 CSS 样式，如 body、div、p、img、span 等。语法格式如下所示：

标签名称{属性:属性值;属性:属性值;}

例如，上面对<div>标签样式的设置使用的就是标签选择器。

### 2．类选择器

类选择器根据类名来选择前面以"."标志的选择器，在使用前，需为元素定义一个类名称，适用于定义一类样式，语法格式如下所示：

.class 名{属性:属性值;属性:属性值;}

**实例 5-5**：使用类选择器对<div>标签的宽度、高度、边框及背景颜色进行设置，效果如图 5-5 所示。

图 5-5　类选择器

代码如下所示：

```
<!DOCTYPE html>
<html lang="en">
<head>
    <meta charset="UTF-8">
    <title>类选择器</title>
    <style>
        .top{
            width: 100px;
            height: 100px;
            border: 2px solid red;
            background:green;
        }
    </style>
</head>
<body>
<div class="top"></div>
<div></div>
</body>
</html>
```

### 3．ID 选择器

ID 选择器可以为标有特定 ID 的 HTML 元素指定特定的样式。根据元素 ID 来选择元素具有唯一性，前面以"#"来标识，在使用前，需为元素定义一个 id 属性，语法格式如下所示：

```
#id 名{属性:属性值;属性:属性值;}
```

**实例 5-6**：使用 ID 选择器对<div>标签的宽度、高度、边框及背景颜色进行设置，代码如下所示：

```html
<!DOCTYPE html>
<html lang="en">
<head>
    <meta charset="UTF-8">
    <title>ID选择器</title>
    <style>
        #top{
            width: 100px;
            height: 100px;
            border: 2px solid red;
            background:green;
        }
    </style>
</head>
<body>
<div id="top"></div>
<div></div>
</body>
</html>
```

**4．通配符选择器**

通配符选择器通过星号 "*" 进行定义，表示当前 HTML 文档中包含的所有元素，通常用于重置样式，放在 CSS 样式设置的开头位置，语法格式如下所示：

```
*{属性:属性值;属性:属性值;}
```

**实例 5-7**：使用通配符选择器对所有<div>标签中文字的大小、颜色进行设置，效果如图 5-6 所示。

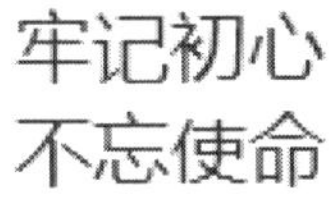

牢记初心
不忘使命

图 5-6　使用通配符选择器的效果

代码如下所示：

```html
<!DOCTYPE html>
<html lang="en">
<head>
    <meta charset="UTF-8">
    <title>通配符选择器</title>
    <style>
        *{
            font-size: 20px;
            color: red;
        }
    </style>
</head>
<body>
<div class="div">牢记初心</div>
```

```
        <div id="div">不忘使命</div>
    </body>
</html>
```

### 5. 群组选择器

群组选择器使用逗号","将多个选择器进行分隔并合并为一组，适用于多个选择符应用相同样式的情况，语法格式如下所示：

```
选择符1,选择符2,选择符3{属性:属性值;属性:属性值;}
```

**实例 5-8**：使用群组选择器对所有<div>标签中文字的大小、颜色进行设置，代码如下所示：

```
<!DOCTYPE html>
<html lang="en">
<head>
    <meta charset="UTF-8">
    <title>群组选择器</title>
    <style>
        .div,#div{
            font-size: 20px;
            color: red;
        }
    </style>
</head>
<body>
    <div class="div">牢记初心</div>
    <div id="div">不忘使命</div>
</body>
</html>
```

### 6. 后代选择器

后代选择器也称为包含选择器，用来选择特定元素或元素组的后代，将对父元素的选择放在前面，对子元素的选择放在后面，中间加一个空格隔开。语法格式如下所示：

```
选择符1 选择符2 选择符3{属性:属性值;属性:属性值;}
```

**实例 5-9**：使用后代选择器对<div>标签下<p>标签中文字的大小、颜色进行设置，效果如图5-7所示。

听党话

感恩党

跟党走

图 5-7　使用后代选择器的效果

代码如下所示：

```
<!DOCTYPE html>
<html lang="en">
<head>
    <meta charset="UTF-8">
```

```
        <title>后代选择器</title>
        <style>
            #div p {
                font-size: 20px;
                color:red;
            }
        </style>
    </head>
    <body>
    <div id="div">
        <p>听党话</p>
        <div><p>感恩党</p></div>
        <div><p>跟党走</p></div>
    </div>
    </body>
    </html>
```

#### 7．子选择器

相比于后代选择器，子选择器仅指它的直接后代，而后代选择器作用于所有子后代元素；后代选择器通过空格来进行选择，而子选择器是通过">"符号进行选择的。语法格式如下所示：

选择符1>选择符2{属性:属性值;属性:属性值;}

**实例 5-10**：使用子选择器对<div>标签下 p 标签中文字的大小、颜色进行设置，效果如图 5-8 所示。

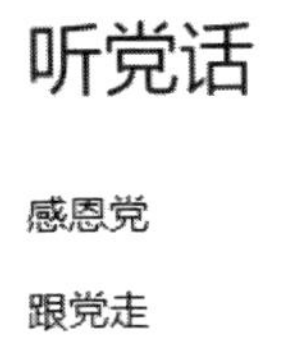

## 听党话

感恩党

跟党走

图 5-8  使用子选择器的效果

代码如下所示：

```
<!DOCTYPE html>
<html lang="en">
<head>
    <meta charset="UTF-8">
    <title>子选择器</title>
    <style>
        #div > p {
            font-size: 30px;
            color:blue;
        }
    </style>
</head>
<body>
<div id="div">
    <p>听党话</p>
    <div><p>感恩党</p></div>
    <div><p>跟党走</p></div>
</div>
</body>
</html>
```

### 8. 伪类选择器

有时候还会需要用文档以外的其他条件来应用元素的样式，如鼠标悬停等，这时就需要用到伪类选择器。目前，CSS 提供了 4 个常用的伪类选择器，如表 5-2 所示。

表 5-2　伪类选择器

| 选 择 器 | 描　　述 |
| --- | --- |
| link | 初始状态 |
| visited | 结束状态 |
| hover | 悬停状态 |
| active | 激活状态 |

语法格式如下所示：

选择符:伪类选择器{属性:属性值;属性:属性值;}

在联合使用伪类选择器时，需要注意其顺序，正常顺序为 link、visited、hover、active。并且，为了实现代码的简化，可以将相同的声明放入一个选择符中。

**实例 5-11**：使用伪类选择器对 a 标签中文字的颜色进行设置，效果如图 5-9 所示。

<u>伪类选择器</u> <u>伪类选择器</u>

图 5-9　使用伪类选择器的效果

代码如下所示：

```html
<!DOCTYPE html>
<html lang="en">
<head>
    <meta charset="UTF-8">
    <title>伪类选择器</title>
    <style>
        a:link{
            color:red;/*链接未单击时红色*/
        }
        a:hover{
            color:blue;/*鼠标悬停为蓝色*/
        }
    </style>
</head>
<body>
<a href="#">伪类选择器</a>
<a href="#">伪类选择器</a>
</body>
</html>
```

### 5.2.2　CSS3 新增选择器

在 CSS 中，除了上述几种 CSS 早期就已经普及的常用选择器外，随着 CSS 版本的升级，CSS3 在 CSS 选择器的基础上新增多类 CSS3 选择器，包括属性选择器、结构伪类选择器、伪元素选择器等。

### 1. 属性选择器

属性选择器主要通过元素包含的属性进行元素的选取，可以根据属性或属性值选取指定元素，如根据指定属性值、以指定内容开头/结尾的属性值等，常用属性选择器如表 5-3 所示。

表 5-3 常用属性选择器

| 选 择 器 | 描 述 |
| --- | --- |
| attr | 选择具有 attr 属性的元素 |
| attr="val" | 选择具有 attr 属性且属性值等于 val 的元素 |
| attr^="val" | 选择具有 attr 属性且属性值以 val 开头的元素 |
| attr$="val" | 选择具有 attr 属性且属性值以 val 结尾的元素 |
| attr*="val" | 选择具有 attr 属性且属性值含有 val 的元素 |

语法格式如下所示：

```
选择符[属性选择器]{属性:属性值;属性:属性值;}
```

**实例 5-12**：使用不同属性选择器选取元素并设置 CSS 样式，效果如图 5-10 所示。

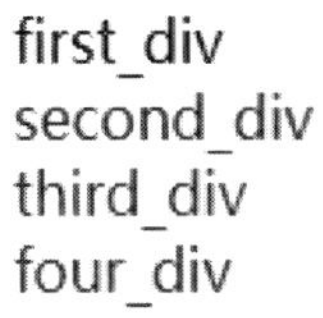

first_div
second_div
third_div
four_div

图 5-10 属性选择器

代码如下所示：

```
<!DOCTYPE html>
<html lang="en">
<head>
    <meta charset="UTF-8">
    <title>属性选择器</title>
    <style>
        /*获取包含 name 属性的 div 并将字体颜色设置为 red*/
        div[name]{
            color: red;
        }
        /*获取包含 name 属性且属性值为 first 的 div 并将字体颜色设置为 red*/
        div[name="first"]{
            color: blue;
        }
        /*获取包含 name 属性且属性值开头为 se 的 div 并将字体颜色设置为 red*/
        div[name^="se"]{
            color: green;
        }
        /*获取包含 name 属性且属性值结尾为 rd 的 div 并将字体颜色设置为 crimson*/
        div[name$="rd"]{
            color: crimson;
        }
        /*获取包含 name 属性且属性值包含 ou 的 div 并将字体颜色设置为 brown*/
```

```
                div[name*="ou"]{
                    color: brown;
                }
        </style>
    </head>
    <body>
    <div name="first">first_div</div>
    <div name="second">second_div</div>
    <div name="third">third_div</div>
    <div name="four">four_div</div>
    </body>
    </html>
```

### 2．结构伪类选择器

相比于属性选择器，结构伪类选择器可以根据元素在 HTML 文档中所处的位置，动态选择元素，减少 HTML 文档对 ID 或类的依赖，有助于保持代码的干净整洁，常用结构伪类选择器如表 5-4 所示。

表 5-4 常用结构伪类选择器

| 选 择 器 | 描 述 |
| --- | --- |
| first-child | 父元素的第一个指定的子元素 |
| last-child | 父元素的最后一个指定的子元素 |
| nth-child(n) | 父元素的第 n 个指定的子元素 |
| nth-last-child(n) | 父元素的倒数第 n 个子元素 |
| first-of-type | 父元素下同种子元素的第一个元素 |
| last-of-type | 父元素下同种子元素的最后一个元素 |
| nth-of-type(n) | 同种子元素的第 n 个元素 |
| only-child | 父元素下仅有的一个子元素 |
| empty | 选择空节点，即没有子元素的元素，而且该元素也不包含任何文本节点 |
| root | 选择文档的根元素，对于 HTML 文档，根元素永远为 html |

语法格式如下所示：

选择符:结构伪类选择器{属性:属性值;属性:属性值;}

**实例 5-13**：使用不同结构伪类选择器选取元素并设置 CSS 样式，效果如图 5-11 所示。

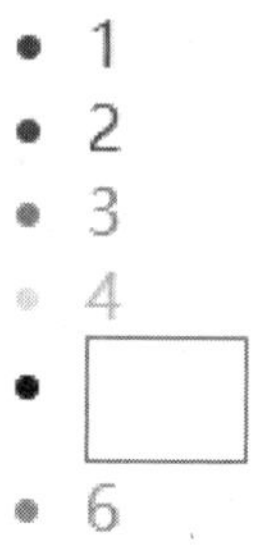

- 1
- 2
- 3
- 4
- ▢
- 6

图 5-11 使用结构伪类选择器的效果

代码如下所示：

```html
<!DOCTYPE html>
<html lang="en">
<head>
    <meta charset="UTF-8">
    <title>结构伪类选择器</title>
    <style>
        /*将第一个li元素包含文字的颜色设置为red*/
        ul li:first-child{
            color: red;
        }
        /*将最后一个li元素包含文字的颜色设置为blue*/
        ul li:last-child{
            color: blue;
        }
        /*将第二个li元素包含文字的颜色设置为crimson*/
        ul li:nth-child(2){
            color: crimson;
        }
        /*将倒数第三个li元素包含文字的颜色设置为yellow*/
        ul li:nth-last-child(3){
            color: yellow;
        }
        /*将第一个li元素包含文字的颜色设置为green*/
        ul li:first-of-type{
            color: green;
        }
        /*将最后一个li元素包含文字的颜色设置为darkorange*/
        ul li:last-of-type{
            color: darkorange;
        }
        /*将第三个li元素包含文字的颜色设置为cornflowerblue*/
        ul li:nth-of-type(3){
            color: cornflowerblue;
        }
        /*将第四个li元素下仅有a元素中文字的颜色设置为chartreuse*/
        ul li a:only-child{
            color: chartreuse;
        }
        /*选择第五个空li元素并设置高度、宽度和边框*/
        ul li:empty{
            height: 30px;
            width: 40px;
            border: 1px cadetblue solid;
        }
    </style>
</head>
<body>
<ul>
    <li>1</li>
    <li>2</li>
    <li>3</li>
    <li><a>4</a></li>
    <li></li>
    <li>6</li>
</ul>
</body>
</html>
```

## 3. 伪元素选择器

在 CSS 中，伪元素选择器用于模拟 HTML 元素的效果设置元素指定部分的样式，如设置首字母样式、设置第一行样式、设置之前和之后的元素的样式，常用伪元素选择器如表 5-5 所示。

表 5-5 常用伪元素选择器

| 选择器 | 描述 |
| --- | --- |
| before | 在元素之前插入内容，要结合 content 属性设置插入内容 |
| after | 在元素之后插入内容，要结合 content 属性设置插入内容 |
| first-letter | 选择文本的第一个单词或文字 |
| first-line | 选择文本的第一行 |
| selection | 选择可选中的文本添加样式 |
| placeholder | 修改 input 标签中 placeholder 属性 |

语法格式如下所示：

```
选择符::伪元素选择器{属性:属性值;属性:属性值;}
```

**实例 5-14**：使用不同伪元素选择器对元素指定部分的样式进行设置，效果如图 5-12 所示。

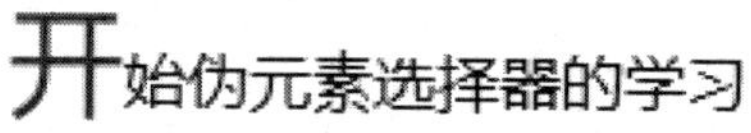

开始伪元素选择器的学习

图 5-12 使用伪元素选择器的效果

代码如下所示：

```
<!DOCTYPE html>
<html lang="en">
<head>
    <meta charset="UTF-8">
    <title>伪元素选择器</title>
    <style>
        /*在元素包含内容之前添加"开始"*/
        div::before{
            content: "开始";
        }
        /*在元素包含内容之后添加"学习"*/
        div::after{
            content: "学习";
        }
        /*选择文本的第一个文字并设置样式*/
        div::first-letter{
            font-size: 30px;
            color: red;
        }
        /*选择文本的第一行内容并设置样式*/
        div::first-line{
            color: blue;
        }
        /*为内容的选中状态设置样式*/
```

```
            div::selection{
                color: green;
            }
        </style>
    </head>
<body>
<div>伪元素选择器的</div>
</body>
</html>
```

另外，在 CSS 中，不同的选择器具有不同的权值，每个权值使用四位数字表示，是 CSS 特殊性的体现。不同选择器的权值及优先级如表 5-6 所示。

表 5-6  不同选择器的权值及优先级

| 选 择 器 | 描 述 |
| --- | --- |
| !important | >1000，优先级最高，覆盖页面内任何位置定义的元素样式 |
| 内联样式 | 1000 |
| ID 选择器 | 0100 |
| 类选择器 | 0010 |
| 伪类选择器 | 0010 |
| 属性选择器 | 0010 |
| 结构伪类选择器 | 0010 |
| 群组选择器 | 单独计算，不能相加 |
| 后代选择器 | 选择器权值之和 |
| 标签选择器 | 0001 |
| 伪元素选择器 | 0001 |
| 通配符选择器 | 0000 |
| 子选择器 | 0000 |
| 继承样式 | 无权值 |

CSS 除了特殊性外，还具有继承性和层叠性。其中，继承是一种规则，它允许 CSS 样式不仅应用于某个特定 HTML 标签元素，还应用于其后代；而层叠就是在 HTML 文件中对于同一个元素可以有多个 CSS 样式存在，当有相同权值的样式存在时，会根据这些 CSS 样式的前后顺序来决定，处于最后面的 CSS 样式会被应用。

实例 5-15：选择不同的选择器对 CSS 样式进行设置，体验选择器之间的优先级排序，效果如图 5-13 所示。

图 5-13  选择器优先级

代码如下所示：

```
<!DOCTYPE html>
<html lang="en">
<head>
    <meta charset="UTF-8">
    <title>选择器优先级</title>
    <style>
        /*优先级最高，样式被应用*/
```

```
            #div_id{
                width: 50px;
                height: 50px;
                border: 3px silver solid;
            }
            /*低于ID选择器优先级*/
            .div_class{
                width: 100px;
                height: 100px;
            }
            /*低于ID选择器优先级*/
            div{
                width: 100px;
                height: 100px;
            }
        </style>
    </head>
    <body>
        <div class="div_class" id="div_id"></div>
    </body>
</html>
```

## 任务实施

第一步：根据页面效果，使用不同的 HTML 标签进行页面内容的设置，效果如图 5-14 所示。

图 5-14　选择器优先级

HTML 代码如下所示：

```html
<body>
<!--头部内容-->
<div>
    <!--logo-->
    <div>
        <img src="imgs/store.png">
    </div>
    <!--头部导航-->
    <div>
        <ul>
            <li><a href="#">在线商城</a></li>
            <li><a href="#">手机</a></li>
            <li><a href="#">系统</a></li>
            <li><a href="#">云</a></li>
            <li><a href="#">论坛</a></li>
            <li><a href="#">开发支持</a></li>
        </ul>
    </div>
    <!--用户和购物车-->
    <div>
        <img src="imgs/shopcar.png">
        <img src="imgs/user.png">
    </div>
    <!--适配移动端的搜索框-->
    <p>
        <img src="imgs/find.png">
        <input type="text" placeholder="请输入搜索商品">
    </p>
</div>
<!--导航内容-->
<div>
    <div>
        <ul>
            <li><a href="#">首页</a></li>
            <li><a href="#">手机</a></li>
            <li><a href="#">TNT</a></li>
            <li><a href="#">官方自营</a></li>
            <li><a href="#">服务</a></li>
        </ul>
        <!--搜索框-->
        <p>
            <img src="imgs/find.png">
            <input type="text" placeholder="请输入搜索商品">
        </p>
    </div>
</div>
<!--轮播图-->
<div>
    <img src="imgs/slides.png">
</div>
<!--广告区域-->
<div>
    <a href="#">
        <img src="imgs/advertising-1.jpg">
    </a>
```

```html
            <a href="#">
                <img src="imgs/advertising-2.jpg">
            </a>
            <a href="#">
                <img src="imgs/advertising-3.jpg">
            </a>
            <a href="#">
                <img src="imgs/advertising-4.jpg">
            </a>
        </div>
        <!--热门商品-->
        <div>
            <!--标题内容-->
            <div>
                <div>热门商品</div>
                <p>
                    <img src="imgs/gts.png">
                    <img src="imgs/gts.png">
                </p>
            </div>
            <!--商品内容-->
            <div>
                <a href="#">
                    <dl>
                        <dt><img src="imgs/p1.png"></dt>
                        <dd>手机</dd>
                        <dd>是下一代手机,更是下一代电脑</dd>
                        <dd>￥2699.00</dd>
                    </dl>
                </a>
                <a href="#">
                    <dl>
                        <dt><img src="imgs/p2.png"></dt>
                        <dd>电脑</dd>
                        <dd>下一代手机,下一代电脑</dd>
                        <dd>￥6999.00</dd>
                    </dl>
                </a>
                <a href="#">
                    <dl>
                        <dt><img src="imgs/p3.jpg"></dt>
                        <dd>蓝牙</dd>
                        <dd>真无线蓝牙耳机</dd>
                        <dd>￥299.00</dd>
                    </dl>
                </a>
                <a href="#">
                    <dl>
                        <dt><img src="imgs/p4.png"></dt>
                        <dd>手机立式扩展</dd>
                        <dd>连屏幕,连外设,手机拓展一步到位</dd>
                        <dd>￥399.00</dd>
                    </dl>
                </a>
            </div>
        </div>
        <!--精选配件-->
```

```html
<div>
    <!--标题内容-->
    <div>
        <div>官方精选配件</div>
        <p>
            <a href="#">官方精选配件</a>
            <a>·</a>
            <a href="#">更多推荐</a>
        </p>
    </div>
    <!--商品内容-->
    <div>
        <div>
            <img src="imgs/format.png">
        </div>
        <a href="#">
            <dl>
                <dt><img src="imgs/parts-1.jpg"></dt>
                <dd>彩虹数据线</dd>
                <dd>七彩配色随机发货,为生活增添一份小小惊喜</dd>
                <dd>￥99.00</dd>
            </dl>
        </a>
        <a href="#">
            <dl>
                <dt><img src="imgs/parts-2.png"></dt>
                <dd>智能手写笔</dd>
                <dd>尽情挥洒创造力</dd>
                <dd>￥699.00</dd>
            </dl>
        </a>
        <a href="#">
            <dl>
                <dt><img src="imgs/parts-3.png"></dt>
                <dd>多功能数据线（USB 3.2 Gen 2）</dd>
                <dd>高清投屏,高速传输</dd>
                <dd>￥99.00</dd>
            </dl>
        </a>
        <a href="#">
            <dl>
                <dt><img src="imgs/parts-4.png"></dt>
                <dd>手机支架</dd>
                <dd>立得住,放的稳</dd>
                <dd>￥29.00</dd>
            </dl>
        </a>
        <a href="#">
            <dl>
                <dt><img src="imgs/parts-5.jpg"></dt>
                <dd>颈挂蓝牙耳机</dd>
                <dd>圈铁一体代表作</dd>
                <dd>￥399.00</dd>
            </dl>
        </a>
        <a href="#">
            <dl>
```

```html
            <dt><img src="imgs/parts-6.png"></dt>
            <dd>真无线蓝牙耳机 Pro</dd>
            <dd>通话降噪 全新升级</dd>
            <dd>￥99.00</dd>
        </dl>
    </a>
</div>
</div>
<!--论坛区域-->
<div>
    <!--标题内容-->
    <div>
        <div>论坛精选</div>
        <a href="#">前往论坛 ></a>
    </div>
    <!--论坛文章简介-->
    <div>
        <a href="#">
            <dl>
                <dt><img src="imgs/omnibus-1.jpg"></dt>
                <dd>系统更新日志</dd>
                <dd>OS v8.0.1 已于 10 月 20 日推送。</dd>
                <dd>阅读全文 ></dd>
            </dl>
        </a>
        <a href="#">
            <dl>
                <dt><img src="imgs/omnibus-2.png"></dt>
                <dd>购买及常见使用问题</dd>
                <dd>你关心的各种问题。</dd>
                <dd>阅读全文 ></dd>
            </dl>
        </a>
        <a href="#">
            <dl>
                <dt><img src="imgs/omnibus-3.jpg"></dt>
                <dd>体验新鲜出炉，上手两小时体验（持续更新）</dd>
                <dd>新鲜出炉上手体验。</dd>
                <dd>阅读全文 ></dd>
            </dl>
        </a>
        <a href="#">
            <dl>
                <dt><img src="imgs/omnibus-4.jpg"></dt>
                <dd>我的手机</dd>
                <dd>祝新品大卖。</dd>
                <dd>阅读全文 ></dd>
            </dl>
        </a>
    </div>
</div>
```

第二步：使用 CSS 提供的不同选择器，为每个部分最外层的 div 定义 id 属性，方便后期进行 CSS 样式的设置，为 div 包含的标签定义 class 属性，为方便多个标签样式的设置，代码如下所示：

```html
<body>
<!--头部内容-->
<div id="header">
    <!--logo-->
    <div>
        <img class="header_img store" src="imgs/store.png">
    </div>
    <!--头部导航-->
    <div>
        <ul>
            <li><a href="#">在线商城</a></li>
            <li><a href="#">手机</a></li>
            <li><a href="#">系统</a></li>
            <li><a href="#">云</a></li>
            <li><a href="#">论坛</a></li>
            <li><a href="#">开发支持</a></li>
        </ul>
    </div>
    <!--用户和购物车-->
    <div>
        <img class="header_img shopcar" src="imgs/shopcar.png">
        <img class="header_img user" src="imgs/user.png">
    </div>
    <!--适配移动端的搜索框-->
    <p>
        <img src="imgs/find.png">
        <input type="text" placeholder="请输入搜索商品">
    </p>
</div>
<!--导航内容-->
<div id="nav">
    <div>
        <ul>
            <li><a href="#">首页</a></li>
            <li><a href="#">手机</a></li>
            <li><a href="#">TNT</a></li>
            <li><a href="#">官方自营</a></li>
            <li><a href="#">服务</a></li>
        </ul>
        <!--搜索框-->
        <p>
            <img src="imgs/find.png">
            <input type="text" placeholder="请输入搜索商品">
        </p>
    </div>
</div>
<!--轮播图-->
<div id="slideshow">
    <img src="imgs/slides.png">
</div>
<!--广告区域-->
<div id="activity">
    <a href="#">
        <img src="imgs/advertising-1.jpg">
    </a>
    <a href="#">
        <img src="imgs/advertising-2.jpg">
```

```html
            </a>
            <a href="#">
                <img src="imgs/advertising-3.jpg">
            </a>
            <a href="#">
                <img src="imgs/advertising-4.jpg">
            </a>
        </div>
        <!--热门商品-->
        <div id="hotproduct">
            <!--标题内容-->
            <div class="p_title">
                <div>热门商品</div>
                <p>
                    <img src="imgs/gts.png">
                    <img src="imgs/gts.png">
                </p>
            </div>
            <!--商品内容-->
            <div class="product">
                <a href="#">
                    <dl>
                        <dt><img src="imgs/p1.png"></dt>
                        <dd class="p_name">手机</dd>
                        <dd class="p_context">是下一代手机,更是下一代电脑</dd>
                        <dd class="p_price">￥2699.00</dd>
                    </dl>
                </a>
                <a href="#">
                    <dl>
                        <dt><img src="imgs/p2.png"></dt>
                        <dd class="p_name">电脑</dd>
                        <dd class="p_context">下一代手机,下一代电脑</dd>
                        <dd class="p_price">￥6999.00</dd>
                    </dl>
                </a>
                <a href="#">
                    <dl>
                        <dt><img src="imgs/p3.jpg"></dt>
                        <dd class="p_name">蓝牙</dd>
                        <dd class="p_context">真无线蓝牙耳机</dd>
                        <dd class="p_price">￥299.00</dd>
                    </dl>
                </a>
                <a href="#">
                    <dl>
                        <dt><img src="imgs/p4.png"></dt>
                        <dd class="p_name">手机立式扩展</dd>
                        <dd class="p_context">连屏幕,连外设,手机拓展一步到位</dd>
                        <dd class="p_price">￥399.00</dd>
                    </dl>
                </a>
            </div>
        </div>
        <!--精选配件-->
        <div id="partslist">
            <!--标题内容-->
```

```html
<div class="parts_title">
    <div>官方精选配件</div>
    <p>
        <a href="#">官方精选配件</a>
        <a>·</a>
        <a href="#">更多推荐</a>
    </p>
</div>
<!--商品内容-->
<div class="product">
    <div>
        <img src="imgs/format.png">
    </div>
    <a href="#">
        <dl>
            <dt><img src="imgs/parts-1.jpg"></dt>
            <dd class="p_name">彩虹数据线</dd>
            <dd class="p_context">七彩配色随机发货,为生活增添一份小小惊喜</dd>
            <dd class="p_price">¥99.00</dd>
        </dl>
    </a>
    <a href="#">
        <dl>
            <dt><img src="imgs/parts-2.png"></dt>
            <dd class="p_name">智能手写笔</dd>
            <dd class="p_context">尽情挥洒创造力</dd>
            <dd class="p_price">¥699.00</dd>
        </dl>
    </a>
    <a href="#">
        <dl>
            <dt><img src="imgs/parts-3.png"></dt>
            <dd class="p_name">多功能数据线（USB 3.2 Gen 2）</dd>
            <dd class="p_context">高清投屏,高速传输</dd>
            <dd class="p_price">¥99.00</dd>
        </dl>
    </a>
    <a href="#">
        <dl>
            <dt><img src="imgs/parts-4.png"></dt>
            <dd class="p_name">手机支架</dd>
            <dd class="p_context">立得住,放得稳</dd>
            <dd class="p_price">¥29.00</dd>
        </dl>
    </a>
    <a href="#">
        <dl>
            <dt><img src="imgs/parts-5.jpg"></dt>
            <dd class="p_name">颈挂蓝牙耳机</dd>
            <dd class="p_context">圈铁一体代表作</dd>
            <dd class="p_price">¥399.00</dd>
        </dl>
    </a>
    <a href="#">
        <dl>
            <dt><img src="imgs/parts-6.png"></dt>
            <dd class="p_name">真无线蓝牙耳机 Pro</dd>
```

```html
                <dd class="p_context">通话降噪 全新升级</dd>
                <dd class="p_price">¥99.00</dd>
            </dl>
        </a>
    </div>
</div>
<!--论坛区域-->
<div id="omnibus">
    <!--标题内容-->
    <div class="omnibus_title">
        <div>论坛精选</div>
        <a href="#">前往论坛 ></a>
    </div>
    <!--论坛文章简介-->
    <div class="omnibus_list">
        <a href="#">
            <dl>
                <dt><img src="imgs/omnibus-1.jpg"></dt>
                <dd class="omnibus_name">系统更新日志</dd>
                <dd class="omnibus_context">OS v8.0.1 已于 10 月 20 日推送。</dd>
                <dd class="omnibus_go">阅读全文 ></dd>
            </dl>
        </a>
        <a href="#">
            <dl>
                <dt><img src="imgs/omnibus-2.png"></dt>
                <dd class="omnibus_name">购买及常见使用问题</dd>
                <dd class="omnibus_context">你关心的各种问题。</dd>
                <dd class="omnibus_go">阅读全文 ></dd>
            </dl>
        </a>
        <a href="#">
            <dl>
                <dt><img src="imgs/omnibus-3.jpg"></dt>
                <dd class="omnibus_name">体验新鲜出炉,上手两小时体验(持续更新)</dd>
                <dd class="omnibus_context">新鲜出炉上手体验。</dd>
                <dd class="omnibus_go">阅读全文 ></dd>
            </dl>
        </a>
        <a href="#">
            <dl>
                <dt><img src="imgs/omnibus-4.jpg"></dt>
                <dd class="omnibus_name">我的手机</dd>
                <dd class="omnibus_context">祝新品大卖。</dd>
                <dd class="omnibus_go">阅读全文 ></dd>
            </dl>
        </a>
    </div>
</div>
```

## 项目总结

本项目通过对购物网站页面内容的编写，创建 CSS 外部样式文件，并使用<link>标签将其引入 HTML 文档，最后使用 id 属性和 class 属性设置选择器为后期样式的设置提供支持。通过任务的实现，能够对 CSS 样式表的创建与 CSS 基本语法有更深的认识，对 CSS 常用选择器和 CSS 新增选择器的使用有所了解并掌握，能够独立完成网站制作的前期准备工作。

# 项目 6
# CSS3 美化网页

## 项目概述

　　一个网站仅有骨架是远远不够的，甚至可能是杂乱的。为了使网站更加美观，还需通过选择器选取元素并设置样式，以美化网页。CSS 样式将对布局、字体、颜色、背景和其他图文效果实现更加精确的控制，只修改一个文件就可以改变多个网页的外观和格式，并在所有浏览器和平台之间具有兼容性。更少的编码、更少的页数和更快的下载速度，除了不能全面支持常用的浏览器之外，CSS 页面在美化方面做得相当出色。CSS 在改变样式表制作方法的同时，为大部分网页创新奠定了基石。本项目将通过 4 个任务应用不同的CSS 样式来实现购物网站页面的美化。

思政拓展
增强科技抗疫信心，
提升职业自豪感

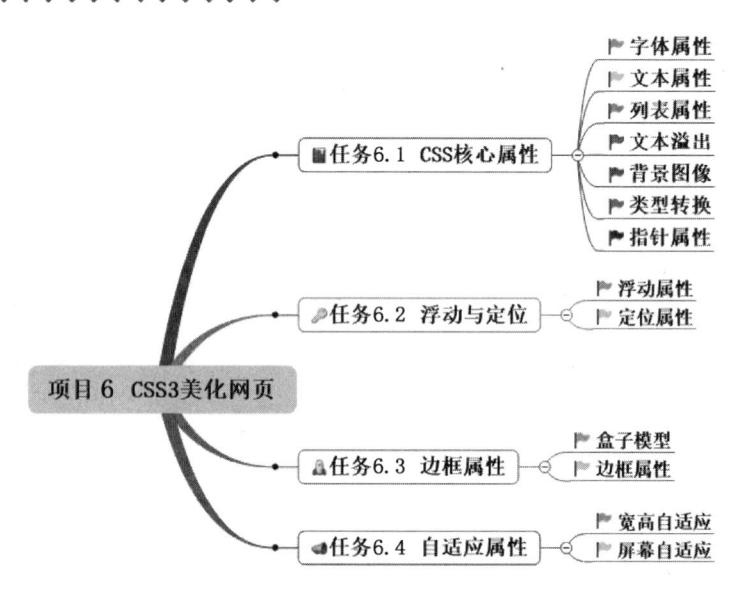

## 项目导航

项目6 CSS3美化网页
- 任务6.1 CSS核心属性
  - 字体属性
  - 文本属性
  - 列表属性
  - 文本溢出
  - 背景图像
  - 类型转换
  - 指针属性
- 任务6.2 浮动与定位
  - 浮动属性
  - 定位属性
- 任务6.3 边框属性
  - 盒子模型
  - 边框属性
- 任务6.4 自适应属性
  - 宽高自适应
  - 屏幕自适应

## 任务 6.1  CSS 核心属性

### 任务目标

本任务将实现购物网站头部和导航栏的美化，需要通过定义的选择器选取元素并设置样式，从而实现网站头部的制作。通过本任务的学习，熟悉字体样式、文本样式和列表样式的设置方法，掌握文本溢出的处理，熟悉背景图像的应用，掌握元素类型的转换及指针样式的修改。

### 任务准备

#### 6.1.1 字体属性

CSS 字体属性定义了文本的字体类型、大小、加粗、风格（如斜体）和变形（如小型大写字母），常用属性如表 6-1 所示。

表 6-1  字体样式属性

| 属　　性 | 描　　述 |
| --- | --- |
| font-family | 字体类型 |
| font-size | 字体大小 |
| color | 字体颜色 |
| font-weight | 字体加粗 |
| font-style | 字体倾斜 |
| font-variant | 英文大小写 |
| font | 字体设置，包含 style、variant、weight、size、family |

**1. font-family**

font-family 对 HTML 标签中包含内容的字体样式进行了设置。目前，能够使用两种不同类型的字体，分别是通用字体类型和特定字体类型。

① 通用字体类型：拥有相似外观的字体系统组合（如"Serif"或"Monospace"）。
② 特定字体类型：具体的字体系列（如"Times"或"Courier"）。

语法格式如下所示：

```
{font-family:字体1,字体2,字体3;}
```

当设置多个字体时，浏览器首先会寻找字体 1，如存在就使用该字体来显示内容；如字体 1 不存在，则会寻找字体 2；如字体 2 也不存在，则按字体 3 显示内容；如字体 3 也不存在，则按系统默认字体显示。

**2. font-size**

font-size 用于对文本中字体大小进行设置，属性值为数值型，须给属性值加单位，属性值为 0 时除外。font-size 可使用的属性值单位如表 6-2 所示。

表 6-2 font-size 属性值单位

| 单 位 | 描 述 |
| --- | --- |
| px | 像素单位，是显示屏上显示的每一个小点，为显示的最小单位 |
| pt | 磅，9pt=12px |
| em | 元素字体高度，需根据父元素值来确定，单位可省略 |
| % | 百分比，它是一个更纯粹的相对长度单位。它描述的是相对于父元素的百分比值 |

语法格式如下所示：

`{font-size:数值;}`

### 3. color

color 属性用于对字体颜色进行设置，目前，字体颜色的设置有 3 种方法，第一种是直接使用颜色的英文名称，常用的颜色名称如表 6-3 所示。

表 6-3 颜色名称

| 单 位 | 描 述 |
| --- | --- |
| black | 纯黑 |
| blue | 浅蓝 |
| green | 深绿 |
| silver | 浅灰 |
| navy | 深蓝 |
| red | 红色 |
| yellow | 明黄 |
| gray | 深灰 |
| white | 亮白 |

第二种是，使用 rgb()或 rgba()方法进行设置，其中 rgb 为三原色（红色、绿色、蓝色），值为 0 到 255，a 表示透明度，值为 0 到 1，如 rgb(0,204,204)、rgba(0,204,204,0.6)等。

第三种是，十六进制表示的颜色值，但需要在颜色值前加"#"，当表示三原色的三组数字都相同时，可以缩写为三位，如#fa0000、#F00、#000 等。

语法格式如下所示：

`{color:颜色值;}`

### 4. font-weight

font-weight 属性的主要功能是，设置文本的粗细程度，该属性可以直接为字体设置一个粗度，一般设置字体粗度的数字为 100～900，这些数字越大，字体越粗；除了用数字表示外，还可以使用 normal、bold、bolder 等来表示；在大多数浏览器中数字 400 相当于 normal，700 相当于 bold；如果将该属性设置为 bolder，则浏览器显示的效果比设置为 bold 的值更粗。

## 5. font-style

font-style 属性用于设置文本的倾斜程度，该属性值有 3 个取值，如表 6-4 所示。

表 6-4　font-style 属性值

| 属　性　值 | 描　　述 |
| --- | --- |
| italic | 文本斜体显示 |
| oblique | 对于没有设计过斜体样式的文字强行用代码使其倾斜 |
| normal | 文本正常显示 |

语法格式如下所示：

{font-style:属性值;}

## 6. font-variant

font-variant 属性可以用于文本中字母大小写的设置，只对英文内容起作用，常用属性值有两个，如表 6-5 所示。

表 6-5　font-variant 属性值

| 属　性　值 | 描　　述 |
| --- | --- |
| small-caps | 小型的大写字母字体 |
| normal | 正常字体 |

语法格式如下所示：

{font-variant:属性值;}

**实例 6-1**：分别使用 font-family、font-size、color、font-weight、font-style 和 font-variant 属性对文本中的字体类型、字体大小、字体颜色、字体粗细程度、字体倾斜程度及字体小型大写字母进行设置，效果如图 6-1 所示。

*EVERY MAN HAS HIS PRICE.*

图 6-1　字体样式

代码如下所示：

```
<!DOCTYPE html>
<html lang="en">
<head>
    <meta charset="UTF-8">
    <title>字体样式</title>
    <style>
        div{
            /*设置字体类型*/
            font-family: "宋体","微软雅黑";
            /*设置字体大小*/
            font-size: 30px;
```

```
                /*设置字体颜色*/
                color: red;
                /*设置字体粗细*/
                font-weight: bolder;
                /*设置字体倾斜程度*/
                font-style: oblique;
                /*设置字体小型大写字母*/
                font-variant: small-caps;
            }
        </style>
    </head>
    <body>
        <div>Every man has his price.</div>
    </body>
</html>
```

### 7. font

font 属性是字体样式设置的复合属性，用于总体设置字体的大小、粗细、倾斜程度等，语法格式如下所示：

```
{font:style variant weight size family;}
```

其中，font 的属性值应按 font-style、font-variant、font-weight、font-size、font-family 次序书写，各个属性之间用空格隔开；并且，style 和 weight 可以互换位置，size 和 family 不可和其他属性位置互换。另外，在进行文字属性的设置时，可以通过简写的方式设置字体大小和类型，例如，"font:12px/1.5em "宋体";"，这时没有被设定的 font-weight、font-style 和 font-varient 属性值会使用缺省值。

**实例 6-2**：使用 font 属性对字体样式进行设置，效果如图 6-2 所示。

*WHATEVER YOU GO, GO WITH ALL YOUR HEART.*

图 6-2　font 属性的设置效果

代码如下所示：

```
<!DOCTYPE html>
<html lang="en">
<head>
    <meta charset="UTF-8">
    <title>font 属性字体样式</title>
    <style>
        div{
            /*分别设置字体倾斜程度、小型大写字母、粗细、大小和类型*/
            font: oblique small-caps bolder 30px "宋体";
        }
    </style>
</head>
<body>
<div>Whatever you go, go with all your heart.</div>
</body>
</html>
```

## 6.1.2 文本属性

相比于字体属性，在 CSS 中，文本属性定义了文本的对齐方式、行高、修饰、缩进、间距等，常用属性如表 6-6 所示。

表 6-6 文本样式属性

| 属　　性 | 描　　述 |
| --- | --- |
| text-align | 水平对齐 |
| vertical-align | 垂直对齐 |
| line-height | 行高 |
| text-decoration | 文本修饰 |
| text-indent | 首行缩进 |
| letter-spacing | 字符间距 |
| word-spacing | 单词间距 |
| text-transform | 文本大小写控制 |
| text-shadow | 文本阴影 |

### 1. text-align

text-align 属性的主要作用是设置文本对齐方式，该属性通过指定一行与某一个点对齐来设置块模式的对齐方式，该属性主要用于水平对齐，可选的属性值如表 6-7 所示。

表 6-7 text-align 属性值

| 属 性 值 | 描　　述 |
| --- | --- |
| left | 表示文本排列到左边。默认值：由浏览器决定 |
| right | 表示文本排列到右边 |
| center | 表示文本排列到中间 |
| justify | 实现两端对齐文本效果，对中文不起作用 |
| inherit | 表示应该从父元素继承 text-align 属性的值 |

语法格式如下所示：

```
{text-align:属性值;}
```

### 2. vertical-align

vertical-align 属性同样用于文本对齐方式的设置，与 text-align 不同的是，vertical-align 属性用来设定文本的垂直对齐方式。文本垂直对齐根据行内元素的基线相对所写元素所在行的基线来做对齐，在该属性中值可以是负数或者百分比。在表格中，通常用这个属性来设置单元格内容的对齐方式。文本通常根据不可见的基线进行对齐，而字母的底部位于基线之上。vertical-align 属性可选属性值如表 6-8 所示。

表 6-8 vertical-align 属性值

| 属 性 值 | 描 述 |
|---|---|
| baseline（基线） | 表示将子元素的基线与父元素的基线对齐。对于没有基线的元素，如图像或对象，使它的底部与父元素的基线对齐 |
| sub（下面） | 表示将元素置于下方（下标），确切地说是使元素的基线对齐到它的父元素首选的下标位置 |
| super（上面） | 表示将元素置于上方（上标），确切地说是使元素的基线对齐到它的父元素首选的上标位置 |
| text-top（文本顶部） | 表示元素的顶部与其父元素最高字母的顶部对齐 |
| top（顶部） | 表示元素的顶部与行中最高元素的顶端对齐 |
| middle（中间） | 表示元素垂直居中 |
| bottom（底部） | 表示元素的底部与行中最低元素的底部对齐 |
| text-bottom（文本底部） | 表示元素的底部与其父元素字体的底部对齐 |

语法格式如下所示：

`{vertical-align:属性值;}`

### 3．line-height

line-height 用于设置多行文本的间距，即行高。当单行文本的行高等于容器高时，可实现单行文本在容器中垂直方向居中对齐。目前，line-height 有 5 种类型的属性值，如表 6-9 所示。

表 6-9 line-height 属性值

| 属 性 值 | 描 述 |
|---|---|
| normal | 设置合理的行间距，默认值 |
| inherit | 从父元素继承 line-height 属性的值 |
| number | 数值，需加入单位 |
| length | 按字体大小的倍数而设置，不需任何单位 |
| % | 按字体大小的百分比而设置 |

语法格式如下所示：

`{line-height:属性值;}`

### 4．text-decoration

text-decoration 属性主要用于文本修饰，可以为文本添加下画线、删除线等，该属性有 4 个取值，属性值如表 6-10 所示。

表 6-10 text-decoration 属性值

| 属 性 值 | 描 述 |
|---|---|
| none | 无，默认值 |
| underline | 下画线 |
| overline | 上画线 |
| line-through | 删除线 |

语法格式如下所示：

`{text-decoration:属性值;}`

### 5. text-indent

text-indent 属性用于设定文本首行的缩进，其值有两种设置方式，第一种使用长度进行设置，第二种是使用百分比，相当于父对象宽度的百分比。其中，text-indent 属性的值可以为负值，表示向前移动，能够实现隐藏文本，悬挂缩进；并且，text-indent 属性只对第一行起作用，若第一行不是文本则没变化。语法格式如下所示：

`{text-indent:数值;}`

### 6. letter-spacing、word-spacing

letter-spacing 和 word-spacing 是两个用于间距设置的属性。其中，letter-spacing 属性用于设置英文字母、汉字的字距，属性值为数值，语法格式如下所示：

`{letter-spacing:数值;}`

而 word-spacing 属性用于控制英文单词之间的间距，属性值为 normal 或数值，normal 等同于设置为 0，语法格式如下所示：

`{word-spacing:normal/数值;}`

### 7. text-transform

text-transform 属性用于对文本的大小写进行设置，该属性有 4 个可选值，属性值如表 6-11 所示。

表 6-11 text-transform 属性值

| 属 性 值 | 描 述 |
| --- | --- |
| none | 不做任何改动，将使用原文档中的原有大小写，默认值 |
| uppercase | 字母全部大写 |
| lowercase | 字母全部小写 |
| capitalize | 首字母大写 |

语法格式如下所示：

`{text-transform:属性值;}`

### 8. text-shadow

在 CSS3 中，text-shadow 属性可以为文本添加阴影效果，属性值包含 4 个部分，各部分之间通过空格连接，语法格式如下所示：

`{text-shadow:h-shadow v-shadow blur color;}`

属性值说明如表 6-12 所示。

表 6-12 text-shadow 属性值

| 属 性 值 | 描 述 |
| --- | --- |
| h-shadow | 水平阴影位置，允许负值 |

续表

| 属 性 值 | 描 述 |
|---|---|
| v-shadow | 垂直阴影位置，允许负值 |
| blur | 模糊半径 |
| color | 阴影颜色 |

**实例 6-3**：分别使用文本样式属性对文本对齐方式、行高、修饰、缩进、间距、大小写控制及阴影进行设置，效果如图 6-3 所示。

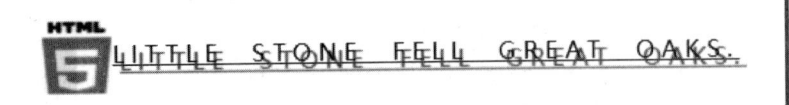

图 6-3　文本样式

代码如下所示：

```
<!DOCTYPE html>
<html lang="en">
<head>
    <meta charset="UTF-8">
    <title>文本样式</title>
    <style>
        div{
            width: 600px;
            height: 100px;
            border: 3px red solid;
            /*水平居中对齐*/
            text-align: center;
            /*设置行高*/
            line-height: 100px;
            /*添加下画线*/
            text-decoration: underline;
            /*首行缩进*/
            text-indent: 50px;
            /*设置字母间距*/
            letter-spacing:5px;
            /*设置单词间距*/
            word-spacing: 10px;
            /*设置字母全部大写*/
            text-transform: uppercase;
            /*设置文本阴影*/
            text-shadow: 5px 5px 1px #FF0000;
        }
        img{
            width: 50px;
            height: 50px;
            /*垂直居中对齐*/
            vertical-align: middle;
        }
    </style>
</head>
<body>
```

```
<div><img src="logo.png">Little stone fell great oaks.</div>
</body>
</html>
```

### 6.1.3 列表属性

在网页中添加列表后，还需要设置列表属性以达到美化的效果，列表的属性如表 6-13 所示。

表 6-13　列表样式属性

| 属　　性 | 描　　述 |
| --- | --- |
| list-style-type | 设置列表项标志的类型 |
| list-style-position | 设置列表中列表项标志的位置 |
| list-style-image | 将图像设置为列表项标志 |
| list-style | 简写属性，包含 list-style-type、list-style-position 和 list-style-image |

#### 1. list-style-type

list-style-type 属性用于为列表设置符号类型，有 9 种常见属性值，如表 6-14 所示。

表 6-14　list-style-type 属性值

| 属　性　值 | 描　　述 |
| --- | --- |
| disc | 实心圆，默认值 |
| circle | 空心圆 |
| square | 实心方块 |
| decimal | 阿拉伯数字 |
| lower-roman | 小写罗马数字 |
| upper-roman | 大写罗马数字 |
| lower-alpha | 小写英文字母 |
| upper-alpha | 大写英文字母 |
| none | 不使用项目符号 |

#### 2. list-style-position

list-style-position 属性用于显示列表中列表项的位置，该属性有 2 个取值，属性值如表 6-15 所示。

表 6-15　list-style-position 属性值

| 属　性　值 | 描　　述 |
| --- | --- |
| outside | 列表项目在文本以外 |
| inside | 列表项目在文本以内，环绕文本对齐 |

#### 3. list-style-image

list-style-image 属性用于定义列表前所使用的图片，所有浏览器都支持这个属性，该属性通过 url() 方法接收一个图片路径，语法格式如下所示：

```
{list-style-image:url("图片路径");}
```

**实例 6-4**：分别使用 list-style-type 属性、list-style-position 属性和 list-style-image 属性将符号设置为实心方块、将符号位置设置在文本以内及使用图片替换符号，效果如图 6-4 所示。

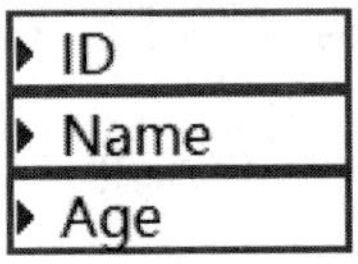

代码如下所示：

图 6-4 列表样式

```html
<!DOCTYPE html>
<html lang="en">
<head>
    <meta charset="UTF-8">
    <title>列表样式</title>
    <style>
        ul{
            /*设置符号类型*/
            list-style-type: square;
            /*设置符号位置*/
            list-style-position: inside;
            /*引用图片替换符号*/
            list-style-image: url("1.png");
        }
        li{
            width: 100px;
            height: 20px;
            border: 2px red solid;
        }
    </style>
</head>
<body>
<ul>
    <li>ID</li>
    <li>Name</li>
    <li>Age</li>
</ul>
</body>
</html>
```

4．list-style

与字体样式中的 font 属性类似，list-style 同样是复合属性，用于总体设置标志类型、标志项位置及引用图像设置项标志，语法格式如下所示：

```
{list-style:type position image;}
```

其中，list-style 的属性值之间用空格隔开，位置可任意变换。并且，三个值可以任意选择，可以使用任意一个值进行设置，如"list-style:position"；也可以使用任意两个值进行设置，如"list-style:type image"。当 list-style 的属性值为"none"时，则可以对列表的相关样式进行清除。

**实例 6-5**：使用 list-style 属性对列表样式进行设置，代码如下所示：

```
<!DOCTYPE html>
<html lang="en">
<head>
    <meta charset="UTF-8">
    <title>列表样式</title>
    <style>
        ul{
            list-style: square inside url("1.png");
        }
        li{
            width: 100px;
            height: 20px;
            border: 2px red solid;
        }
    </style>
</head>
<body>
<ul>
    <li>ID</li>
    <li>Name</li>
    <li>Age</li>
</ul>
</body>
</html>
```

### 6.1.4 文本溢出

在进行文本样式的设置时，经常会遇到文本内容超出当前元素大小的情况，这一情况被称为文本溢出。为了解决文本溢出问题，CSS 提供了 overflow、white-space 和 text-overflow 三个属性，属性说明如表 6-16 所示。

表 6-16 文本溢出属性

| 属　　性 | 描　　述 |
| --- | --- |
| overflow | 容器溢出属性 |
| white-space | 空白空间属性 |
| text-overflow | 文本溢出属性 |

#### 1. overflow

overflow 属性用于在出现文本溢出元素框时规定应执行的操作，如内容隐藏、显示滚动条等，可选属性值如表 6-17 所示。

表 6-17 overflow 属性值

| 属 性 值 | 描　　述 |
| --- | --- |
| visible | 默认值，内容不会被修剪，会出现在元素框之外 |
| hidden | 内容会被修剪，并且其余内容是不可见的 |
| scroll | 内容会被修剪，但会显示滚动条，以便查看其余的内容 |
| auto | 如果内容被修剪，则显示滚动条，以便查看其他的内容 |
| inherit | 规定应该从父元素继承 overflow 属性的值 |

**实例 6-6**：使用 overflow 属性隐藏超出部分内容，效果如图 6-5 所示。

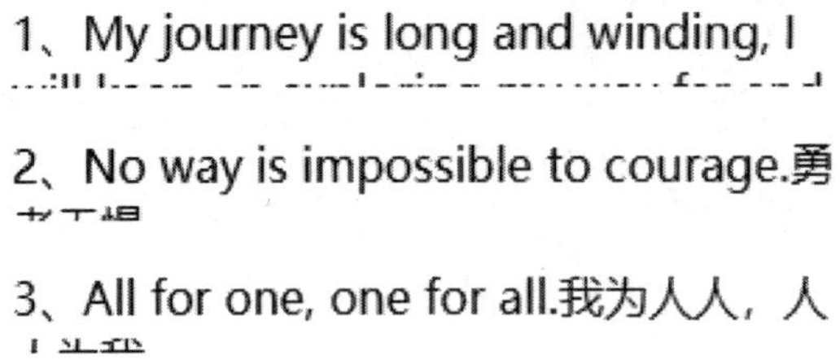

1、My journey is long and winding, I
will keep on exploring my way far and

2、No way is impossible to courage.勇
者无惧

3、All for one, one for all.我为人人，人
人为我

图 6-5 溢出隐藏的效果

代码如下所示：

```
<!DOCTYPE html>
<html lang="en">
<head>
    <meta charset="UTF-8">
    <title>溢出隐藏</title>
    <style>
        p{
            width: 300px;
            height: 30px;
            /*超出部分隐藏*/
            overflow: hidden;
        }
    </style>
</head>
<body>
<p>1、My journey is long and winding, I will keep on exploring my way far and wide.路漫漫其修远兮，我将上下而求索。</p>
<p>2、No way is impossible to courage.勇者无惧。</p>
<p>3、All for one, one for all.我为人人，人人为我。</p>
</body>
</html>
```

**2. white-space**

white-space 属性用于设置如何处理元素内的空白符，如空格、换行符等，可选属性值如表 6-18 所示。

表 6-18 white-space 属性值

| 属 性 值 | 描 述 |
| --- | --- |
| normal | 默认处理方式 |
| pre | 用等宽字体显示预先格式化的文本，不合并文字间的空白距离，当文字超出边界时不换行 |
| nowrap | 强制在同一行内显示所有文本，直到文本结束或者遭遇 br 对象 |
| pre-wrap | 用等宽字体显示预先格式化的文本，不合并文字间的空白距离，当文字碰到边界时发生换行 |
| pre-line | 保持文本的换行，不保留文字间的空白距离，当文字碰到边界时发生换行 |
| inherit | 规定应该从父元素继承 white-space 属性的值 |

**实例 6-7**：使用 white-space 属性将文本内容强制在一行显示，效果如图 6-6 所示。

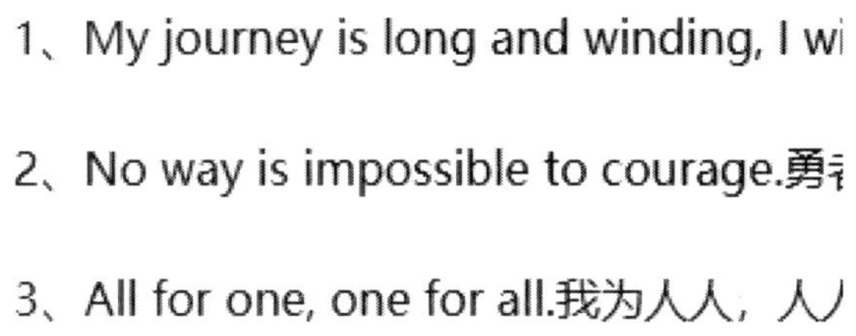

1、My journey is long and winding, I wi

2、No way is impossible to courage.勇

3、All for one, one for all.我为人人，人丿

图 6-6 文本强制显示一行时的效果

代码如下所示：

```html
<!DOCTYPE html>
<html lang="en">
<head>
    <meta charset="UTF-8">
    <title>文本强制一行</title>
    <style>
        p{
            width: 300px;
            height: 30px;
            overflow: hidden;
            /*强制文本在一行显示*/
            white-space: nowrap;}
    </style>
</head>
<body>
<p>1、My journey is long and winding, I will keep on exploring my way far and wide.路漫漫其修远兮，我将上下而求索。</p>
<p>2、No way is impossible to courage.勇者无惧。</p>
<p>3、All for one, one for all.我为人人，人人为我。</p>
</body>
</html>
```

3. text-overflow

text-overflow 属性用于设置在文本溢出时是否显示省略标记，该属性不具备其他的样式属性定义，要实现溢出时产生省略号的效果，还需 overflow 和 white-space 属性的配合。text-overflow 可选属性值如表 6-19 所示。

表 6-19 text-overflow 属性值

| 属 性 值 | 描 述 |
| --- | --- |
| clip | 不显示省略标记 |
| ellipsis | 显示省略标记 |

**实例 6-8**：使用 text-overflow 属性实现在文本发生溢出时显示省略标记，效果如图 6-7 所示。

1、My journey is long and winding, I ...

2、No way is impossible to courage....

3、All for one, one for all.我为人人，...

图 6-7　溢出省略时的显示效果

代码如下所示：

```html
<!DOCTYPE html>
<html lang="en">
<head>
    <meta charset="UTF-8">
    <title>溢出省略</title>
    <style>
        p{
            width: 300px;
            height: 30px;
            overflow: hidden;
            white-space: nowrap;
            /*显示省略标记*/
            text-overflow: ellipsis;
        }
    </style>
</head>
<body>
<p>1、My journey is long and winding, I will keep on exploring my way far and wide.路漫漫其修远兮，我将上下而求索。</p>
<p>2、No way is impossible to courage.勇者无惧。</p>
<p>3、All for one, one for all.我为人人，人人为我。</p>
</body>
</html>
```

通过 overflow、white-space 和 text-overflow 属性的配合只能实现单行文本的溢出省略，为了满足需求，CSS 还提供了多行省略的设置，语法格式如下所示：

```
overflow: hidden;
text-overflow: ellipsis;
display: -webkit-box;
-webkit-line-clamp: n;
-webkit-box-orient: vertical;
```

属性说明如表 6-20 所示。

表 6-20　多行省略属性

| 属　　性 | 描　　述 |
| --- | --- |
| display | 类型转换 |
| -webkit/-moz/-o-line-clamp | 行数 |
| -webkit/-moz/-o-box-orient | 定义父元素的子元素排列方式 |

其中，box-orient 属性常用属性值如表 6-21 所示。

表 6-21　box-orient 属性值

| 属　性　值 | 描　　述 |
|---|---|
| horizontal | 水平排列，默认值 |
| vertical | 垂直排列 |

## 6.1.5　背景图像

CSS 背景属性主要应用于 CSS 文件中，作用是通过 CSS 的设置使网页背景呈现出各种样式，如背景颜色、背景图片、背景平铺、背景固定及背景位置等，常用属性如表 6-22 所示。

表 6-22　背景图像属性

| 属　　性 | 描　　述 |
|---|---|
| background-color | 背景颜色 |
| background-image | 背景图片 |
| background-repeat | 背景平铺 |
| background-attachment | 背景固定 |
| background-position | 背景位置 |
| background | 背景设置包含 color、image、repeat、attachment、position |

**1．background-color**

background-color 属性主要用于设置网页或网页中元素的背景颜色，设置的背景颜色为纯色。使用 background-color 属性填充颜色时不仅会填充元素的内容，还会填充内边距和边框，但不包括外边距，若边框有透明部分（如虚线边框），则会透过这些透明部分显示背景色。background-color 属性值如表 6-23 所示。

表 6-23　background-color 属性值

| 属　性　值 | 描　　述 |
|---|---|
| color_name | 表示颜色值为颜色名称的背景颜色（如 blue） |
| hex_number | 表示规定颜色值为十六进制值的背景颜色（如#ffff00） |
| rgb_number | 表示颜色值为 RGB 代码的背景颜色（如 RGB（255,255,0） |
| transparent | 默认，背景颜色为透明 |

语法格式如下所示：

```
{background-color:属性值;}
```

**2．background-image**

网页不仅可以使用颜色来装饰，还可以使用图片来装饰。使用图片修饰显得更加美观、漂亮，这点和标签中的 background 属性相似，但在使用 HTML 标签中的 background 属性时只能对<body>标签进行定义。在 CSS 中 background-image 属性不仅可以对<body>标签进行定义，还可以对<body>中的任何标签进行定义。默认情况下，使用背景图片所显示的位置位于所属标签的左上角，并在水平和垂直方向上平铺图片。background-image 属性值如表 6-24 所示。

表 6-24　background-image 属性值

| 属 性 值 | 描　述 |
| --- | --- |
| url('URL') | 表示指向图像的路径 |
| none | 默认值，表示不显示背景图像 |
| inherit | 规定应该从父元素继承 background-image 属性的设置 |

语法格式如下所示：

```
{background-image:属性值;}
```

### 3．background-repeat

background-repeat 属性用来设置图片平铺的方向。在设置图片背景后，如果未规定设置图片平铺，当容器尺寸等于图片尺寸时，背景图片正好显示在容器中；容器尺寸大于图片尺寸时，背景图片将默认平铺，直至铺满元素；容器尺寸小于图片尺寸时，只显示元素范围以内的背景图。background-repeat 属性值如表 6-25 所示。

表 6-25　background-repeat 属性值

| 属 性 值 | 描　述 |
| --- | --- |
| repeat | 默认值，表示背景图像将在垂直方向和水平方向上重复 |
| repeat-x | 表示背景图像将在水平方向上重复 |
| repeat-y | 表示背景图像将在垂直方向上重复 |
| no-repeat | 表示背景图像只显示一次 |
| inherit | 表示应该从父元素继承 background-repeat 属性的设置 |

语法格式如下所示：

```
{background-repeat:属性值;}
```

### 4．background-attachment

界面完成后浏览时，如果界面比较小则会出现滚动条，此时页面背景会自动跟随滚动条一起滚动，在 CSS 中，针对背景元素的控制，提供了 background-attachment 属性，该属性使背景不受滚动条的影响，始终保持在固定的位置。background-attachment 属性值如表 6-26 所示。

表 6-26　background-attachment 属性值

| 属 性 值 | 描　述 |
| --- | --- |
| scroll | 默认值，表示背景图像会随着页面其余部分的滚动而移动 |

续表

| 属性值 | 描述 |
|---|---|
| fixed | 表示当页面的其余部分滚动时,背景图像不会移动 |
| inherit | 表示从父元素继承 background-attachment 属性的设置,可以混合使用 X%和 position 值 |

语法格式如下所示:

```
{background-attachment:属性值;}
```

### 5. background-position

background-position 属性用像素定位或百分比定位的方式设置背景定位,这是在最初的表格布局中没有办法实现的功能。语法格式如下所示:

```
{background-position:value1 value2;}
```

其中,value1 用于设置水平方向上的对齐方式,常用值如表 6-27 所示。

表 6-27　value1 值

| 值 | 描述 |
|---|---|
| left | 靠左,默认值 |
| center | 水平居中 |
| right | 靠右 |
| 数值 | 可以是标准数值,如 10px；还可以是百分比,如 10% |

value2 用于设置垂直方向上的对齐方式,常用值如表 6-28 所示。

表 6-28　value2 值

| 值 | 描述 |
|---|---|
| top | 靠上,默认值 |
| center | 垂直居中 |
| bottom | 靠下 |
| 数值 | 可以是标准数值,如 10px；还可以是百分比,如 10% |

**实例 6-9**：分别使用不同的背景图像属性通过十六进制值将背景颜色设置为浅灰(eeeeee)、设置背景图片、设置背景平铺、设置背景固定及设置背景图片居中显示,效果如图 6-8 所示。

代码如下所示:

图 6-8　背景设置

```
<!DOCTYPE html>
<html lang="en">
<head>
```

```
            <meta charset="UTF-8">
            <title>背景设置</title>
            <style>
                div{
                    width: 500px;
                    height: 500px;
                    border: 5px grey dashed;
                    /*设置背景颜色*/
                    background-color: #eeeeee;
                    /*设置背景图片*/
                    background-image: url("logo.png");
                    /*设置背景平铺*/
                    background-repeat: no-repeat;
                    /*设置背景固定*/
                    background-attachment: scroll;
                    /*设置背景位置*/
                    background-position: center center;
                }
            </style>
        </head>
        <body>
        <div></div>
        </body>
        </html>
```

### 6. background

background 属性的主要作用是，设置纯色背景或图片背景，可以给背景添加一些属性，如设置背景图片是否滚动、背景图片所在的位置等。background 背景样式的属性可以进行单独设置或复合设置（即 background 元素后面可以添加多个属性值，每个值之间需要使用空格隔开），语法格式如下所示：

```
background:color image repeat ttachment position
```

**实例 6-10**：使用 background 属性对背景图像进行设置，代码如下所示：

```
<!DOCTYPE html>
<html lang="en">
<head>
    <meta charset="UTF-8">
    <title>背景设置</title>
    <style>
        div{
            width: 500px;
            height: 500px;
            border: 5px grey dashed;
            /*设置背景图像*/
            background: #eeeeee url("logo.png") no-repeat scroll center center;
        }
    </style>
</head>
<body>
<div></div>
</body>
</html>
```

## 6.1.6 类型转换

在 HTML 中，根据显示的不同，可以将元素分为块元素（如 div、ul、p 等）、内联元素（如 a、span 等）和可变元素。其中，块元素以块的形式存在，默认占据一行，多个块元素会按顺序自上而下排列；内联元素在行内逐个进行显示，不能定义宽和高，只能根据包含内容的高度和宽度来确定；可变元素需要根据上下文关系确定该元素是块元素还是内联元素。

在 CSS 中，可使用 display 属性设置对象元素的类型，以实现不同类型元素之间的相互转换，能够设置对象元素应该生成的盒模型的类型，例如，可以将内联元素 a 转换为块元素 a，也可以将块元素 div 转换为内联元素 div。display 常用属性值如表 6-29 所示。

表 6-29  display 常用属性值

| 属 性 值 | 描 述 |
| --- | --- |
| block | 块状显示 |
| inline | 内联显示 |
| inline-block | 行内块元素显示，如 img、input |
| list-item | 将元素转换成列表，是 li 的默认类型 |
| -webkit/-moz/-o-box | 块伸缩显示 |
| none | 元素不会被显示 |

**实例 6-11**：使用 display 属性将元素 a 以块状显示并设置宽度、高度以及背景颜色，效果如图 6-9 所示。

图 6-9  类型转换

代码如下所示：

```
<!DOCTYPE html>
<html lang="en">
<head>
    <meta charset="UTF-8">
    <title>类型转换</title>
    <style>
        a{
            /*块状显示*/
            display: block;
            width: 100px;
            height: 100px;
            background: red;
        }
    </style>
```

```
</head>
<body>
<a></a>
</body>
</html>
```

在将 display 属性的属性值设置为 none 时，元素会从 HTML 文档中被删除。除了使用"display:none;"外，CSS 还提供了 visibility 属性，其可以用于设置元素是否隐藏，属性值如表 6-30 所示。

表 6-30 visibility 属性值

| 属 性 值 | 描 述 |
| --- | --- |
| hidden | 隐藏元素 |
| visible | 显示元素 |

其中，"visibility:hidden;"与"display:none;"相比，"visibility:hidden;"会使对象不可见，但该对象在网页所占的空间没有改变，等于留出了一块空白区域，而"display:none;"则会使这个对象彻底消失。

**实例 6-12**：可以使用 display 属性或 visibility 属性实现元素的隐藏，效果如图 6-10 所示。

代码如下所示：

图 6-10 元素隐藏

```
<!DOCTYPE html>
<html lang="en">
<head>
    <meta charset="UTF-8">
    <title>元素隐藏</title>
    <style>
        #div div{
            width: 150px;
            height: 150px;
            /*设置字体大小*/
            font-size: 100px;
            /*水平居中*/
            text-align: center;
            /*垂直居中*/
            line-height: 150px;
            background: blue;
        }
        .div1{
            background: red;
            /*隐藏元素并占用空间*/
            visibility: hidden;
        }
```

```
        .div2{
            background: green;
            /*隐藏元素不占用空间*/
            display: none;
        }
    </style>
</head>
<body>
<div id="div">
    <div class="div1">1</div>
    <div class="div2">2</div>
    <div>3</div>
</div>
</body>
</html>
```

### 6.1.7 指针属性

在使用<a>标签并设置 href 属性时,当鼠标指针浮动到该标签后,鼠标指针样式会默认变为指示链接的指针,也就是一只手的形状。除了<a>标签提供默认的鼠标指针样式外,还可以结合伪类选择器中的 hover 使用 cursor 属性实现鼠标指针样式的修改,语法格式如下所示:

选择器:hover{cursor:属性值;}

常用属性值如表 6-31 所示。

表 6-31 cursor 属性值

| 属 性 值 | 描 述 |
| --- | --- |
| url | 引用图片作为指针 |
| default | 默认指针样式,通常为一个箭头 |
| pointer | 链接指针,通常为手型 |
| move | 移动光标 |
| e-resize/w-resize | 左右移动 |
| n-resize/s-resize | 上下移动 |
| ne-resize/sw-resize | 右上/左下移动 |
| nw-resize/se-resize | 左上/右下移动 |
| text | 指示文本 |
| wait | 等待 |
| help | 帮助 |

# HTML5+CSS3项目开发实战（第2版）

## 任务实施

第一步：使用通配符，将 HTML 常用标签的默认样式删除，包括外边距、内边距、边框及 a 标签的文本样式和列表的符号类型，代码如下所示：

```css
/*删除全部标签默认的 margin、padding 和 border*/
*{
    margin: 0;
    padding: 0;
    border: 0;
}
/*删除 a 标签的文本修饰*/
a{
    text-decoration: none;
}
/*删除列表的符号类型*/
ul{
    list-style: none;
}
```

第二步：使用行内样式，将整个页面的背景颜色设置为浅灰色（ededed），代码如下所示：

```html
<body style="background: #ededed;">
```

效果如图 6-11 所示。

图 6-11　设置屏幕背景

第三步：设置头部样式，分别设置图片的大小、位置、与左右两边的外边距及导航栏的样式。其中，导航栏需通过浮动属性将内容横向显示，并通过外边距设置多个导航栏选项之间的距离。另外，屏幕需要兼容移动端，因此通过屏幕自适应属性结合宽度自适应属性设置屏幕的自适应效果。CSS 代码如下所示：

```css
/*自适应：当屏幕大于 900px 时，适用于 Web 浏览器*/
@media screen and (min-width: 900px){
    /*通过类选择器选择元素*/
    .header_img{
        /*宽度*/
        width: 20px;
        /*高度*/
        height: 20px;
    }
    /*结构伪类选择器选取#header 下的第一个 div*/
    #header div:first-child{
        /*设置宽度为#header 宽度的 10%*/
        width: 10%;
        height: 45px;
        /*左浮动*/
        float: left;
    }
    /*结构伪类选择器选取#header 下的第二个 div*/
    #header div:nth-child(2){
        width: 80%;
        height: 45px;
        float: left;
    }
    /*后代选择器选取 ul*/
    #header ul{
        width: 721px;
        height: 45px;
        /*居中*/
        margin: 0 auto;
    }
    #header ul li a{
        /*外边距，上下为 0，左右为 20px*/
        margin: 0 20px;
    }
    #header div:last-child{
        width: 10%;
    }
    #header p{
        /*删除元素*/
        display: none;
    }
}
/*自适应：当屏幕小于 900px 时，适用于移动端浏览器*/
@media screen and (max-width: 900px){
    .header_img{
        width: 15px;
        height: 15px;
    }
    #header div:first-child{
        float: left;
        /*设置左外边距*/
        margin-left: 1%;
    }
    #header div:nth-child(2){
        width: 100%;
        height: 40px;
        float: left;
```

```css
    /*固定定位*/
    position: fixed;
    /*距屏幕最下方为0*/
    bottom: 0;
    /*设置背景颜色*/
    background: #262729;
}
#header ul li{
    width: 16.66%;
    /*文字居中*/
    text-align: center;
    float: left;
    /*超出隐藏*/
    overflow: hidden;
}
#header div ul li a{
    font-size: 12px;
    margin: 0;
    /*设置行高*/
    line-height: 40px;
}
#header div:last-child{
    width: 40px;
}
#header p{
    /*绝对定位*/
    position: absolute;
    width: 70%;
    height: 20px;
    line-height: 20px;
    /*设置边框*/
    border: 1px #ebebeb solid;
    /*设置圆角*/
    border-radius: 10px;
    background: #ffffff;
    overflow: hidden;
    /*上外边距为12px*/
    margin-top: 12px;
    /*左外边距为12%*/
    margin-left: 12%;
}
#header p img{
    /*设置图片大小、浮动及外边距*/
    width: 14px;
    height: 14px;
    float: left;
    margin-left: 8px;
    margin-top: 3px;
    margin-right: 8px;
}
#header p img:hover{
    /*设置指针，当指针在图片时变为手形状*/
    cursor: pointer;
}
#header p input{
    /*设置表单中文字的粗细*/
    font-weight: bolder;
    /*无边框*/
```

```css
    border: none;
    /*无选中框*/
    outline: none;
}
#header p input::placeholder{
    /*字体颜色*/
    color: #c0c0c0;
    /*字体大小*/
    font-size: 12px;
}
}
/*移动端和Web端公用样式*/
#header{
    width: 100%;
    height: 45px;
    background: #262729;
}
#header .store{
    float: left;
    margin-left: 12%;
}
.header_img{
    margin-top: 15px;
    margin-right: 1%;
    /*右浮动*/
    float: right;
}
#header ul li{
    float: left;
}
#header ul li:first-child a{
    color: #e5e5e5;
    font-weight: bolder;
}
#header ul li a:hover{
    color: #e5e5e5;
}
#header ul li a{
    /*将a标签转为块级元素*/
    display: block;
    height: 30px;
    color: #c1c1c2;
    font-size: 14px;
    /*行高等于高度，文字垂直居中*/
    line-height: 30px;
    margin-top: 8px;
}
#header div:last-child{
    height: 45px;
    float: right;
    overflow: hidden;
}
```

效果如图 6-12 和图 6-13 所示。

图 6-12　Web 端头部效果

# HTML5+CSS3项目开发实战（第2版）

图 6-13　移动端头部效果

第四步：设置导航栏样式。同样设置自适应效果，在 Web 端，左侧直接使用列表并将列表向左浮动，右侧进行搜索样式的设置；在移动端，列表项设置固定定位，并设置在左上角的位置，最后将搜索框隐藏。CSS 代码如下所示：

```css
@media screen and (min-width: 900px){
    #nav{
        width: 100%;
    }
    #nav div{
        width: 90%;
        /*设置高度和行高实现垂直居中*/
        height: 76px;
        line-height: 76px;
        /*横向居中*/
        margin: 0 auto;
    }
    #nav div ul{
        float: left;
        margin-left: 10px;
    }
    #nav div ul li{
        float: left;
        margin-right: 30px;
    }
}
@media screen and (max-width: 900px){
    #nav{
        width: 10%;
        /*固定定位*/
        position: fixed;
        /*靠左*/
```

```css
        left: 0;
        /*靠上*/
        top: 45px;
        /*设置最上层显示*/
        z-index: 10000;
    }
    #nav div{
        width: 100%;
    }
    #nav div ul{
        width: 100%;
        float: left;
    }
    #nav div ul li{
        width: 100%;
        height: 40px;
        line-height: 40px;
        /*文字居中*/
        text-align: center;
        /*上边框*/
        border-top: 1px #ebebeb solid;
        overflow: hidden;
    }
    #nav p{
        /*删除元素*/
        display: none;
    }
}
#nav{
    background: #fff;
    /*设置阴影*/
    box-shadow: 5px 5px 10px #e1e1e1;
}
#nav div ul li:first-child{
    /*设置文字粗细*/
    font-weight: bolder;
}
#nav div ul li a{
    /*文字大小*/
    font-size: 14px;
    /*文字颜色*/
    color: #4c4c4c;
}
#nav div ul li a:hover{
    color: #5079d9;
}
#nav p{
    width: 330px;
    height: 34px;
    line-height: 34px;
    /*右浮动*/
    float: right;
    border: 1px #ebebeb solid;
    /*圆角*/
    border-radius: 17px;
    margin-top: 20px;
}
#nav p img{
    width: 18px;
```

```css
    height: 18px;
    float: left;
    margin-left: 10px;
    margin-top: 8px;
    margin-right: 10px;
}
#nav p img:hover{
    /*指针设置*/
    cursor: pointer;
}
#nav p input{
    font-weight: bolder;
    border: none;
    /*去除选中框*/
    outline: none;
}
#nav p input::placeholder{
    color: #c0c0c0;
    font-size: 14px;
}
```

效果如图 6-14 和图 6-15 所示。

图 6-14　Web 端导航栏

图 6-15　移动端导航栏

## 任务 6.2　浮动与定位

### 任务目标

本任务将实现购物网站广告部分的美化，需要使用浮动属性将元素横向排列，使用定位属性设置元素的位置，从而实现广告信息的展示。通过本任务的学习，熟悉浮动属性的使用，掌握元素的定位。

### 任务准备

#### 6.2.1　浮动属性

在 CSS 中，通过浮动属性可以使元素脱离普通标准流的控制，也就是摆脱了块级元素占据整行、行内元素靠左排列的限制，并移动到父元素的指定位置。

目前，浮动通过 float 属性实现，主要用于定义网页中其他文本如何环绕该元素。根据浮动方向的不同，float 属性有三个常用属性值，如表 6-32 所示。

表 6-32　float 属性值

| 属　性　值 | 描述 |
| --- | --- |
| left | 向左浮动 |
| right | 向右浮动 |
| none | 默认值，不浮动 |

其中，元素被设置为浮动后，只会影响后面的元素，不影响前面的元素；块级元素会失去"块状"换行显示特征，变为行内元素；当前浮动元素会紧贴上一个浮动元素（同方向）或父级元素的边框，如宽度不够将换行显示；浮动元素会占据行内元素的空间，导致行内元素围绕显示。

实例 6-13：使用 float 属性设置元素浮动，效果如图 6-16 所示。

图 6-16　元素浮动

代码如下所示：

```
<!DOCTYPE html>
<html lang="en">
<head>
```

```html
        <meta charset="UTF-8">
        <title>元素浮动</title>
        <style>
            #div{
                width: 300px;
                height: 100px;
                /*设置边框*/
                border: 3px grey solid;
            }
            #div div{
                width: 100px;
                height: 100px;
                /*设置文字大小*/
                font-size: 50px;
                /*水平居中*/
                text-align: center;
                /*设置行高*/
                line-height: 100px;
            }
            #div div:first-child{
                /*设置背景*/
                background: red;
                /*右浮动*/
                float: right;
            }
            #div div:nth-child(2){
                background: green;
                /*左浮动*/
                float: left;
            }
            #div div:last-child{
                background: blue;
                /*左浮动*/
                float: left;
            }
        </style>
    </head>
<body>
<div id="div">
    <div>3</div>
    <div>1</div>
    <div>2</div>
</div>
</body>
</html>
```

在设置浮动后，除了删除浮动属性代码外，CSS 还提供一个清除浮动的属性 clear，可以指定元素左侧或右侧不允许浮动元素。clear 属性有 4 个常用属性值，如表 6-33 所示。

表 6-33　clear 属性值

| 属 性 值 | 描　　述 |
| --- | --- |
| none | 允许两边都可以有浮动对象 |
| both | 清除两边浮动 |
| left | 清除左边浮动 |
| right | 清除右边浮动 |

**实例 6-14**：使用 clear 属性清除元素浮动，效果如图 6-17 所示。

图 6-17  清除元素浮动

代码如下所示：

```html
<!DOCTYPE html>
<html lang="en">
<head>
    <meta charset="UTF-8">
    <title>清除元素浮动</title>
    <style>
        #div{
            width: 300px;
            height: 100px;
        }
        #div div{
            width: 100px;
            height: 100px;
        }
        #div div:first-child{
            /*设置背景*/
            background: red;
            /*右浮动*/
            float: left;
        }
        #div div:last-child{
            background: blue;
            /*左浮动*/
            float: right;
            /*清除左浮动*/
            clear: left;
        }
    </style>
</head>
<body>
<div id="div">
    <div></div>
    <div></div>
</div>
</body>
</html>
```

### 6.2.2 定位属性

CSS 定位属性允许用户为一个元素定位,也可以将一个元素放在另一个元素后面,并指定一个元素的内容太大时,应该发生什么。元素可以使用顶部、底部、左侧和右侧属性定位。然而,这些属性无法工作,除非预先设定了 position 属性。position 常用属性值如表 6-34 所示。这里介绍前面 3 个。

表 6-34  position 属性值

| 属 性 值 | 描 述 |
| --- | --- |
| relative | 相对定位 |
| absolute | 绝对定位 |
| fixed | 固定定位 |
| static | 默认值,默认布局 |

**1. relative**

relative 属性值用于相对定位,脱离了文档流的布局,但还在文档流原先的位置遗留了空白区域。其定位的起始位置为此元素原先在文档流中的位置。在设置该属性值后,还需通过方向属性对距离进行设置,常用属性如表 6-35 所示。

表 6-35  relative 属性

| 属 性 | 描 述 |
| --- | --- |
| left | 左边距离 |
| right | 右边距离 |
| top | 上边距离 |
| bottom | 下边距离 |

**实例 6-15**:使用 position 属性设置相对定位并结合方向属性设置位置,效果如图 6-18 所示。

图 6-18  相对定位

代码如下所示：

```html
<!DOCTYPE html>
<html lang="en">
<head>
    <meta charset="UTF-8">
    <title>相对定位</title>
    <style>
        /*使用通配符清除margin和padding*/
        *{
            margin: 0;
            padding: 0;
        }
        #div{
            width: 500px;
            height: 10000px;
            background: #eeeeee;
        }
        #div div{
            width: 200px;
            height: 200px;
            font-size: 100px;
            /*水平居中*/
            text-align: center;
            /*设置行高实现垂直居中*/
            line-height: 200px;
        }
        .div{
            background: green;
            /*相对定位*/
            position: relative;
            /*距上方距离*/
            top: 200px;
        }
        .div1{
            background: blue;
        }
    </style>
</head>
<body>
<div id="div">
    <div class="div">1</div>
    <div class="div1">2</div>
</div>
</body>
</html>
```

2. absolute

absolute 属性用于绝对定位，脱离了文档流的布局，遗留下来的空间由后面的元素填充。其定位的起始位置为最近的父元素（position 不为 static），否则为 body 文档本身，其同样需要结合方向属性设置距离。

**实例 6-16**：使用 position 属性设置绝对定位并结合方向属性设置位置，效果如图 6-19 所示。

图 6-19　绝对定位

修改上述代码，代码如下所示：

```
<style>
   .div{
      background: green;
      /*绝对定位*/
      position: absolute;
      /*距上方距离*/
      top: 200px;
   }
</style>
```

当两块内容同时被设置了相对定位或绝对定位并存在重合时，为了区分哪块内容在上面，可以使用 z-index 层叠属性，用于检索或设置对象的层叠顺序，语法格式如下所示：

{z-index:auto|number;}

参数说明如下所示：

- auto：默认值，遵从其父对象。
- number：无单位的整数值，可为负数。较大 number 值的对象会覆盖在较小 number 值的对象之上。如两个绝对定位对象的此属性具有同样的 number 值，那么将依据它们在 HTML 文档中声明的顺序层叠。

3. fixed

fixed 属性用于固定定位，类似于 absolute，但不随着滚动条的移动而改变位置，而是一直固定在所设置的位置，其同样需要结合方向属性设置距离。

**实例 6-17**：使用 position 属性设置固定定位并结合方向属性设置位置，效果如图 6-20 所示。

图 6-20　固定定位

修改上述代码，代码如下所示：

```
<style>
    .div{
        background: green;
        /*固定定位*/
        position: fixed;
        /*距上方距离*/
        top: 200px;
    }
</style>
```

## 任务实施

第一步：编写轮播图部分，根据屏幕不同设置宽度，设置图片的大小及指针样式后，设置 Web 端居中、移动端定位并设置最小宽度，代码如下所示：

```
@media screen and (min-width: 900px){
    #slideshow{
        width: 88%;
        /*圆角*/
        border-radius: 10px;
        /*横向居中*/
        margin: 25px auto;
    }
}
@media screen and (max-width: 900px){
    #slideshow{
        width: 100%;
        /*相对定位*/
        position: relative;
        /*最小宽度*/
        min-width: 400px;
    }
}
#slideshow{
    /*超出隐藏*/
```

```
    overflow: hidden;
}
#slideshow img{
    width: 100%;
    height: 100%;
}
#slideshow img:hover{
    /*指针样式*/
    cursor: pointer;
}
```

此时刷新浏览器，效果如图 6-21 和图 6-22 所示。

图 6-21　Web 端轮播图

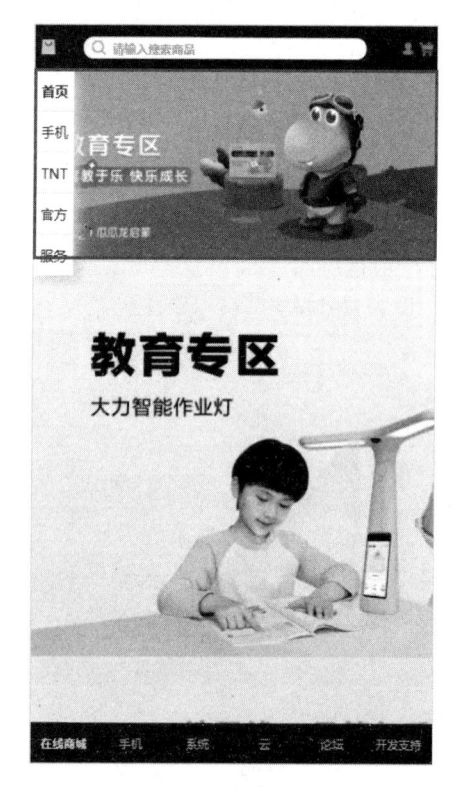

图 6-22　移动端轮播图

第二步：设置广告图片的样式，广告部分包含 4 张图片，设置图片宽度为父元素的 25%
使图片正好放下，并改变 a 元素的类型，将其变为块级元素后设置宽高和浮动，代码如下
所示：

```
@media screen and (min-width: 900px){
    #activity {
        width: 88%;
        /*圆角*/
        border-radius: 10px;
        /*横向居中*/
        margin: 25px auto;
        /*固定元素大小*/
        box-sizing: border-box;
        /*添加边框*/
        border: 1px #dbdbdb solid;
    }
}
@media screen and (max-width: 900px){
    #activity{
        width: 100%;
        /*相对定位*/
        position: relative;
        top: 6px;
        /*最小宽度*/
        min-width: 400px;
    }
}
#activity{
    overflow: hidden;
}
#activity a{
    /*修改为块级元素*/
    display: block;
    /*左浮动*/
    float: left;
    height: 100%;
    width: 25%;
}
#activity img{
    float: left;
    width: 100%;
    height: 100%;
}
```

此时刷新浏览器，效果如图 6-23 和图 6-24 所示。

图 6-23　Web 端广告样式

图 6-24 移动端广告样式

## 任务 6.3 边框属性

### 任务目标

本任务将实现购物网站商品展示部分的美化，需要使用盒子模型包含属性设置元素之间的距离，使用边框属性设置边框样式，从而实现商品信息的展示。通过本任务的学习，熟悉盒子模型的组成，熟悉边距的设置，掌握边框的添加操作。

### 任务准备

#### 6.3.1 盒子模型

**1. 盒子模型的概念**

所谓盒子模型就是把 HTML 页面中的元素看作一个矩形的盒子，用这个假设的盒子设置各元素与网页之间的空白，如元素的边框宽度、样式、颜色，以及元素内容与边框之间的空白距离。

一般使用盒子模型时，搭配 margin 属性、border 属性及 padding 属性，可以更好地控制元素的样式，四者之间的关系如图 6-25 所示。

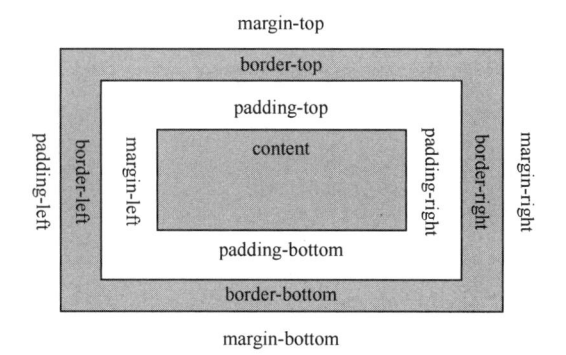

图 6-25　盒子模型结构图

## 2. margin 属性

在 CSS 中通过 margin 属性设置元素边框与相邻元素之间的距离。margin 的属性如表 6-36 所示。

表 6-36　margin 属性

| 属　　性 | 描　　述 |
| --- | --- |
| margin-top | 上外边距 |
| margin-right | 右外边距 |
| magin-bottom | 下外边距 |
| margin-left | 左外边距 |
| margin | 上外边距 [右外边距 下边距 左边距] |

其中，使用复合属性 margin 定义外边距时，必须按顺时针顺序采用值复制，一个值为四边，两个值为上下/左右，三个值为上/左右/下，语法格式如下所示：

```
{margin:上 右 下 左;}
{margin:上下　左右;}
{margin:上　左右　下;}
{margin:上　右　下　左;}
```

当 margin 的值为"0 auto"时，则表示横向居中。

**实例 6-18**：使用 margin 属性设置外边距使元素横向居中，效果如图 6-26 所示。

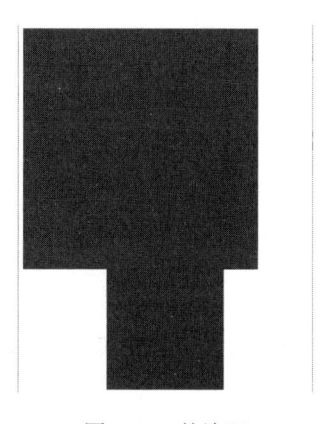

图 6-26　外边距

代码如下所示：

```html
<!DOCTYPE html>
<html lang="en">
<head>
    <meta charset="UTF-8">
    <title>外边距</title>
    <style>
        #div{
            width: 400px;
            height: 400px;
            background: red;
        }
        .div{
            width: 200px;
            height: 200px;
            background: green;
            /*横向居中*/
            margin: 0 auto;
        }
    </style>
</head>
<body>
<div id="div"></div>
<div class="div"></div>
</body>
</html>
```

### 3. padding 属性

在 CSS 中，通过 padding 属性来设置边框和内部元素之间的空白距离。padding 的属性如表 6-37 所示。

表 6-37　padding 属性

| 属 性 值 | 描　　述 |
| --- | --- |
| padding-top | 上内边距 |
| padding-right | 右内边距 |
| padding-bottom | 下内边距 |
| padding-left | 左内边距 |
| padding | 上内边距 [右内边距 下内距 左内距] |

其中，复合属性 padding 在使用时与 margin 属性基本相同，语法格式如下所示：

```
{padding:上右下左;}
{padding:上下 左右;}
{padding:上 左右 下;}
{padding:上 右 下 左;}
```

**实例 6-19**：使用 padding 属性设置内边距，效果如图 6-27 所示。

图 6-27　内边距

代码如下所示：

```
<!DOCTYPE html>
<html lang="en">
<head>
    <meta charset="UTF-8">
    <title>内边距</title>
    <style>
        #div{
            width: 200px;
            height: 200px;
            background: red;
        }
        .div{
            width: 200px;
            height: 200px;
            background: green;
            margin: 0 auto;
            /*设置内边距*/
            padding: 50px;
        }
    </style>
</head>
<body>
<div id="div"></div>
<div class="div"></div>
</body>
</html>
```

4．box-sizing 属性

在使用上述的 margin、padding、border 等属性时，会影响元素的宽度和高度，致使页面布局发生变化。在特定情况下，为了减小影响，CSS 提供了一个 box-sizing 属性，允许在元素的总宽度和高度中包含填充和边框，box-sizing 提供的可选属性值如表 6-38 所示。

表 6-38　box-sizing 属性值

| 属　性　值 | 描　　述 |
| --- | --- |
| content-box | 标准盒模型，受边框和内边距的影响，width+padding+border |
| border-box | 不受边框和内边距的影响，但 content 空间会被压缩 |

## 6.3.2 边框属性

在 CSS 中可通过边框属性为块级元素添加边框，同时可以调节边框的粗细程度，以及边框的样式和颜色，常用属性如表 6-39 所示。

表 6-39 边框属性

| 属　　性 | 描　　述 |
| --- | --- |
| border-width | 设置边框粗细 |
| border-style | 设置边框类型 |
| border-color | 设置边框颜色 |

其中，border-width 属性和 border-style 属性可以选择 CSS 提供的属性值，也可以是标准数值（数值+单位），border-width 属性值如表 6-40 所示。

表 6-40 border-width 属性值

| 属 性 值 | 描　　述 |
| --- | --- |
| thin | 细边框 |
| medium | 中等边框，默认值 |
| hick | 粗边框 |

border-style 属性值如表 6-41 所示。

表 6-41 border-style 属性值

| 属 性 值 | 描　　述 |
| --- | --- |
| none | 无边框 |
| solid | 实线 |
| double | 双线 |
| dashed | 虚线 |
| dotted | 点状线 |
| groove | 槽边 |
| ridge | 岭边 |
| inset | 凹边 |
| ouset | 凸边 |

需要注意，在进行边框的设置时，需要 border-width、border-style 和 border-color 配合使用，单独使用则不起作用。

**实例 6-20**：使用 border-width、border-style 和 border-color 三个属性设置边框样式，效果如图 6-28 所示。

图 6-28　设置边框

代码如下所示：

```html
<!DOCTYPE html>
<html lang="en">
<head>
    <meta charset="UTF-8">
    <title>设置边框</title>
    <style>
        div{
            width: 500px;
            height: 500px;
            /*设置边框粗细*/
            border-width: 5px;
            /*设置边框颜色*/
            border-color: grey;
            /*设置边框类型*/
            border-style: dashed;
        }
    </style>
</head>
<body>
<div></div>
</body>
</html>
```

在使用 border-width、border-style 和 border-color 三个属性进行边框设置时，同时使用三个属性，不仅代码量增加，而且容易疏忽造成某个属性未设置。因此，CSS 提供了综合设置边框样式的属性，常用属性如表 6-42 所示。

表 6-42　综合边框设置属性

| 属　　性 | 描　　述 |
| --- | --- |
| border | 设置全部边框的样式 |
| border-left | 设置左边框的样式 |
| border-right | 设置右边框的样式 |
| border-top | 设置上边框的样式 |
| border-bottom | 设置下边框的样式 |

语法格式如下所示:

```
{属性:width color style;}
```

**实例 6-21**：分别使用不同的综合边框设置属性对边框样式进行设置，效果如图 6-29 所示。

图 6-29 综合边框设置

代码如下所示：

```html
<!DOCTYPE html>
<html lang="en">
<head>
    <meta charset="UTF-8">
    <title>综合边框设置</title>
    <style>
        div{
            width: 500px;
            height: 500px;
            /*设置左边框样式*/
            border-left: 2px red solid;
            /*设置上边框样式*/
            border-top: 4px blue dashed;
            /*设置右边框样式*/
            border-right: 6px green dotted;
            /*设置下边框样式*/
            border-bottom: 8px purple double;
        }
    </style>
</head>
<body>
<div></div>
</body>
</html>
```

在 CSS 中，除了上述几种边框属性外，CSS3 还新增了 3 种有关边框控制的属性，如表 6-43 所示。

表 6-43 CSS3 新增边框属性

| 属　　性 | 描　　述 |
| --- | --- |
| border-image | 引用图片设置边框 |

续表

| 属　　性 | 描　　述 |
|---|---|
| border-raduis | 设置边框圆角 |
| border-shadow | 设置边框阴影 |

1. border-image

border-image 属性主要功能是使用图像作为标签的边框。如果<table>标签设置了 border-collapse:collapse，则 border-image 无效。border-image 的相关属性如表 6-44 所示。支持 border-image 属性的浏览器有 Internet Explorer 11、Firefox、Opera 15、Chrome 及 Safari 6。

表 6-44　border-image 相关属性

| 属　　性 | 描　　述 |
|---|---|
| border-image-source | 表示使用图片边框的路径 |
| border-image-slice | 表示图片边框向内偏移 |
| border-image-width | 表示图片边框的宽度 |
| border-image-outset | 表示边框图像区域超出边框的量 |
| border-image-repeat | 用于设置图像边界形状 |
| border-image | 简写样式，按照 source、slice、width、outset、repeat 顺序设置图片边框 |

语法格式如下所示：

```
{border-image:source slice width outset repeat;}
```

其中，border-image-repeat 属性可选择的属性值如表 6-45 所示。

表 6-45　border-image-repeat 属性值

| 属　性　值 | 描　　述 |
|---|---|
| repeat | 重复 |
| stretch | 拉伸 |
| round | 铺满 |

实例 6-22：使用 border-image 属性设置图片边框，效果如图 6-30 所示。

图 6-30　图片边框

代码如下所示：

```html
<!DOCTYPE html>
<html lang="en">
<head>
    <meta charset="UTF-8">
    <title>图片边框</title>
    <style>
        div{
            width: 500px;
            height: 500px;
            /*设置边框宽度*/
            border-width: 5px;
            /*设置边框类型*/
            border-style: solid;
            /*设置图片边框*/
            border-image: url("logo.png") 30 100 30 100 stretch;
        }
    </style>
</head>
<body>
<div></div>
</body>
</html>
```

### 2. border-radius

border-radius 属性的主要功能是实现圆角的边框效果，根据方向的不同，border-radius 提供了多个相关属性，如表 6-46 所示。

表 6-46　border-radius 相关属性

| 属　　性 | 描　　述 |
| --- | --- |
| border-radius | 全部边角 |
| border-top-left-radius | 左上角 |
| border-top-right-radius | 右上角 |
| border-bottom-left-radius | 左下角 |
| border-bottom-right-radius | 右下角 |

其中，border-radius 相关属性有两种格式的属性值，如表 6-47 所示。

表 6-47　border-radius 相关属性值

| 属　性　值 | 描　　述 |
| --- | --- |
| length | 定义圆角的形状 |
| % | 以百分比定义圆角的形状 |

其中，border-radius 属性在使用时与其他相关属性并不相同，由于其用于设置全部边角，因此，需要分别设置各个边角的圆角值。目前，border-radius 的使用有多种方式，语法格式如下所示：

```
{border-radius:左上角右上角右下角左下角;}
{border-radius:左上角右下角  右上角左下角;}
{border-radius:左上角    右上角左下角    右下角;}
{border-radius:左上角    右上角    右下角    左下角;}
```

**实例 6-23**：分别使用 border-radius 相关属性设置边框圆角，效果如图 6-31 所示。

图 6-31  圆角

代码如下所示：

```
<!DOCTYPE html>
<html lang="en">
<head>
    <meta charset="UTF-8">
    <title>圆角</title>
    <style>
        div{
            width: 300px;
            height: 300px;
            border: 3px red solid;
            /*左上圆角*/
            border-top-left-radius: 20px;
            /*右上圆角*/
            border-top-right-radius: 40px;
            /*右下圆角*/
            border-bottom-right-radius: 60px;
            /*左下圆角*/
            border-bottom-left-radius: 80px;
        }
    </style>
</head>
<body>
<div></div>
</body>
</html>
```

### 3. box-shadow

box-shadow 属性的主要功能是为边框添加阴影，可以添加一个或者多个阴影，阴影设置的属性用逗号隔开，省略长度的值为 0。box-shadow 的属性值如表 6-48 所示。

表 6-48  box-shadow 属性值

| 属 性 值 | 描 述 |
|---|---|
| h-shadow | 必须填写，表示水平阴影的位置，允许为负值 |
| v-shadow | 必须填写，表示垂直阴影的位置，允许为负值 |
| blur | 可选，表示模糊距离 |
| spread | 可选，表示阴影的尺寸 |
| color | 可选，表示阴影的颜色 |
| inset | 可选，表示将外部阴影(outset)改为内部阴影 |

**实例 6-24**：使用 box-shadow 属性添加阴影，效果如图 6-32 所示。

图 6-32  添加阴影

代码如下所示：

```
<!DOCTYPE html>
<html lang="en">
<head>
    <meta charset="UTF-8">
    <title>阴影</title>
    <style>
        div{
            width: 300px;
            height: 300px;
            border: 3px #eee solid;
            /*添加阴影*/
            box-shadow:5px 5px 10px gray;
        }
    </style>
</head>
<body>
<div></div>
</body>
</html>
```

## 任务实施

第一步：编写热门商品部分样式，热门商品区域分为上下两个部分，分别是上面的标题和下面商品的简介。在设置样式时，上面的标题名称需要垂直居中并且距离左边有一定的间距；下面的商品展示则需要设置图片的大小和位置，以及商品名称、商品简介和商品价格，包含文本的字体大小、颜色、粗细程度等；另外，在光标浮动到商品区域时，还需设置指针样式和向里的阴影效果。CSS 代码如下所示：

```css
@media screen and (min-width: 900px){
    #hotproduct{
        width: 88%;
        height: 491px;
        /*添加边框*/
        border: 1px #dbdbdb solid;
        /*圆角*/
        border-radius: 10px;
        /*横向居中*/
        margin: 25px auto;
        /*溢出隐藏*/
        overflow: hidden;
        /*设置背景*/
        background: #fafafa;
    }
    .p_title{
        width: 100%;
        height: 60px;
        /*添加下边框*/
        border-bottom: 1px #dbdbdb solid;
    }
    .p_title div{
        line-height: 60px;
        /*左浮动*/
        float: left;
        /*左边距*/
        margin-left: 25px;
    }
    .p_title p img{
        /*设置图片大小和上边距*/
        width: 44px;
        height: 44px;
        margin-top: 8px;
    }
    .product a{
        /*转换元素类型*/
        display: block;
        /*设置为25%每行可以放置四个商品*/
        width: 25%;
        height: 430px;
        float: left;
        /*固定宽高*/
        box-sizing: border-box;
        /*左边框*/
```

```css
        border-left: 1px #efefef solid;
        /*相对定位*/
        position: relative;
        /*文字水平居中*/
        text-align: center;
        background: #ffffff;
        /*设置下内边距*/
        padding-bottom: 2%;
    }
    .product a:first-child{
        /*删除第一个商品左边距*/
        border-left: none;
    }
    .product dl dt img{
        display: block;
        width: 80%;
        height: 230px;
        margin: 30px auto 20px;
    }
    .product .p_price{
        margin-top: 50px;
    }
}
@media screen and (max-width: 900px) {
    #hotproduct {
        width: 100%;
        margin-top: 20px;
        float: left;
        /*最小宽度*/
        min-width: 400px;
    }
    .p_title{
        width: 100%;
        height: 40px;
        /*相对定位*/
        position: relative;
        background: #ffffff;
    }
    .p_title div{
        width: 100%;
        /*设置行高,使文字垂直居中*/
        line-height: 40px;
        /*绝对定位*/
        position: absolute;
        /*首行缩进*/
        text-indent: 10px;
    }
    .p_title p{
        position: absolute;
        right: 0;
    }
    .p_title p img{
        width: 34px;
        height: 34px;
        margin-top: 3px;
    }
```

```css
/*设置商品样式*/
.product{
    /*左浮动*/
    float: left;
}
.product a{
    /*转换元素类型*/
    display: block;
    /*设置宽度*/
    width: 47%;
    float: left;
    /*上边距*/
    margin-top: 10px;
    /*左边距*/
    margin-left: 2%;
    /*文字水平居中*/
    text-align: center;
    /*背景颜色*/
    background: #ffffff;
}
/*设置商品图片样式*/
.product dl dt img{
    display: block;
    width: 100%;
}
/*设置商品金额样式*/
.product .p_price{
    margin-top: 15px;
    /*填充下内边距*/
    padding-bottom: 15px;
}
}
.p_title div{
    /*字体大小*/
    font-size: 18px;
    /*粗细程度*/
    font-weight: bolder;
    /*颜色*/
    color: #666;
}
.p_title p{
    /*右浮动*/
    float: right;
    /*右外边距*/
    margin-right: 15px;
}
.p_title p img:first-child{
    /*图片旋转180° */
    transform: rotate(180deg);
}
.p_title p img:hover{
    /*指针样式*/
    cursor: pointer;
}
.product a:hover{
    cursor: pointer;
```

```css
    /*浮动阴影效果*/
    box-shadow: inset 0 0 38px rgb(0 0 0/0.08);
}
.product dl{
    width: 100%;
}
.product dl dd{
    width: 90%;
    /*横向居中*/
    margin: 0 auto;
    /*单行添加省略号*/
    white-space: nowrap;
    text-overflow: ellipsis;
    overflow: hidden;
}
.p_name{
    font-size: 14px;
    font-weight: 700;
    color: #333;
}
.product .p_context{
    font-size: 12px;
    color: #999;
    margin-top: 12px;
}
.product .p_price{
    margin-left: 5%;
    color: #d44d44;
    font-size: 18px;
    font-weight: bolder;
}
```

效果如图 6-33 和图 6-34 所示。

图 6-33 Web 端商品展示

第二步：设置官方精选配件的样式。相比于热门商品部分，官方精选配件标题部分的右侧被改为文字，下面的配件商品展示区域则多了一个推广图片。在设置样式时，主标题样式与热门商品相同，只需设置右侧文字样式；下方配件商品展示样式只需设置推广图片样式，并且配件商品展示则需要添加下边框。代码如下所示：

图 6-34 移动端商品展示

```
@media screen and (min-width: 900px){
    #partslist{
        width: 88%;
        /*添加边框*/
        border: 1px #dbdbdb solid;
        /*圆角*/
        border-radius: 10px;
        /*上下边距为25，左右居中*/
        margin: 25px auto;
        /*溢出隐藏*/
        overflow: hidden;
        background: #fafafa;
    }
    .parts_title{
        width: 100%;
        height: 60px;
        /*下边框*/
        border-bottom: 1px #dbdbdb solid;
    }
    .parts_title div{
        /*垂直居中*/
        line-height: 60px;
        /*左浮动*/
        float: left;
        /*左边距*/
```

```css
        margin-left: 25px;
    }
    .parts_title p{
        margin-right: 15px;
    }
    .parts_title p a:nth-child(2){
        margin:0 15px;
    }
    /*设置推广图片样式*/
    .product div{
        width: 50%;
        height: 430px;
        float: left;
        overflow: hidden;
    }
    .product a{
        /*添加下边框*/
        border-bottom: 1px #efefef solid;
    }
}
@media screen and (max-width: 900px){
    #partslist{
        width: 100%;
        margin-top: 15px;
        float: left;
        /*最小宽度*/
        min-width: 400px;
    }
    .parts_title{
        width: 100%;
        height: 40px;
        /*相对定位*/
        position: relative;
        /*背景颜色*/
        background: #ffffff;
    }
    .parts_title div{
        width: 100%;
        line-height: 40px;
        /*绝对定位*/
        position: absolute;
        /*首行缩进*/
        text-indent: 10px;
    }
    .parts_title p{
        margin-right: 10px;
        line-height: 40px;
        position: relative;
    }
    .product div{
        width: 100%;
        /*height: 430px;*/
        float: left;
        overflow: hidden;
    }
    .product{
        float: left;
    }
}
.parts_title div{
```

```css
    /*文字大小*/
    font-size: 18px;
    /*粗细程度*/
    font-weight: bolder;
    /*文字颜色*/
    color: #666;
}
.parts_title p {
    float: right;
}
.parts_title p a{
    font-size: 14px;
    color: #666;
}
.parts_title p a:first-child{
    font-weight: 700;
}
.parts_title p a:hover{
    /*指针样式*/
    cursor: pointer;
}
.product div img{
    width: 100%;
    height: 100%;
    float: left;
}
.product div img:hover{
    cursor: pointer;
}
```

效果如图 6-35 和图 6-36 所示。

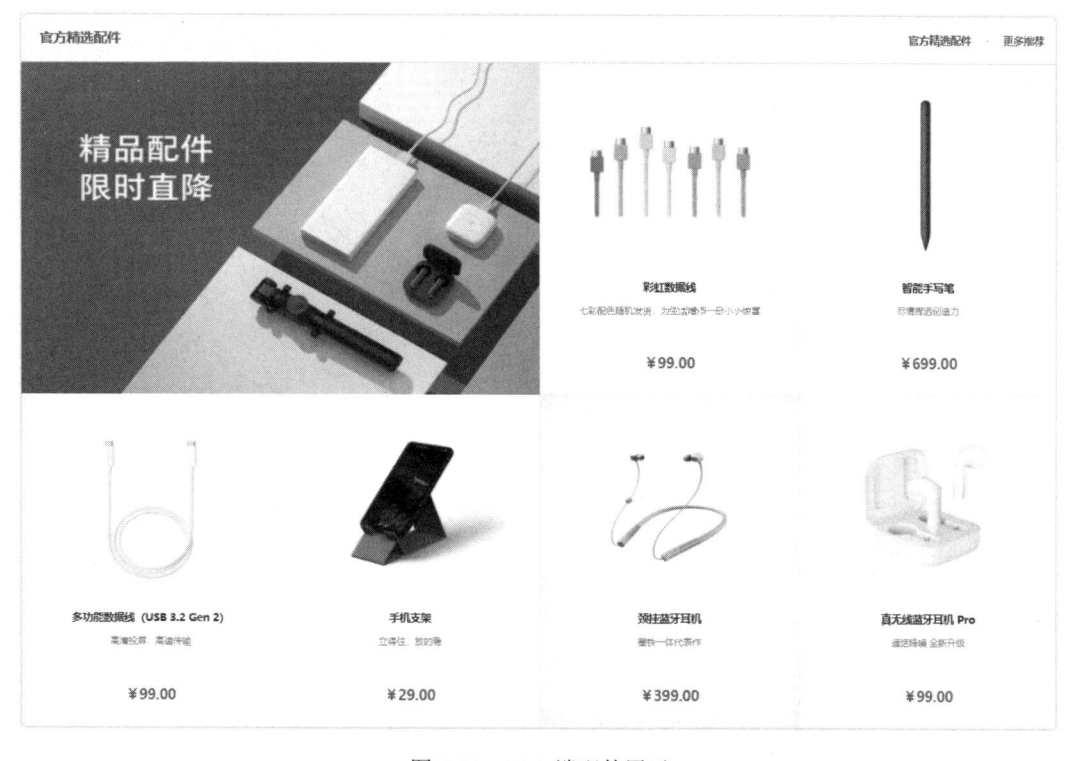

图 6-35 Web 端配件展示

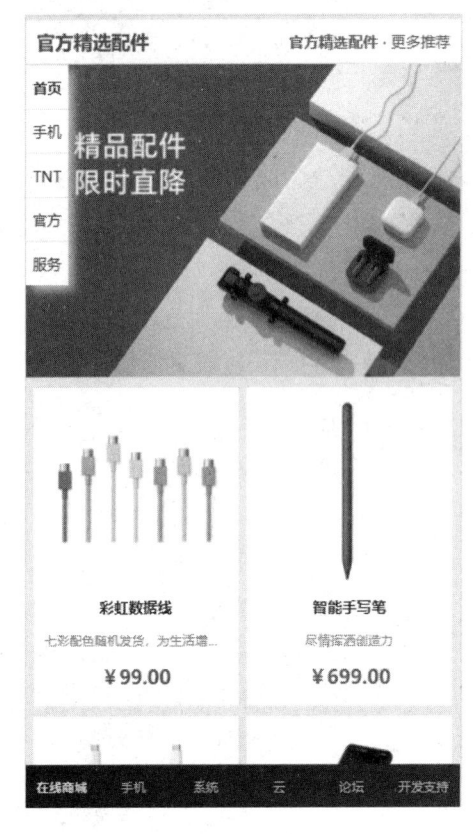

图 6-36 移动端配件展示

## 任务 6.4 自适应属性

### 任务目标

本任务将实现购物网站底部论坛精选部分的美化，需要结合宽高自适应和屏幕自适应完成移动端和 Web 页面样式的设置，从而完成不同设备上页面的展示。通过本任务的学习，掌握自适应效果的制作。

### 任务准备

#### 6.4.1 宽高自适应

网页布局中经常要定义元素的宽度和高度，但很多时候希望元素的大小能够根据窗口或子元素自动调整，这就是自适应。目前，CSS 提供了多种宽高自适应属性，如表 6-49 所示。

表 6-49　宽高自适应属性

| 属　　性 | 描　　述 |
| --- | --- |
| min-height | 最小高度 |
| max-height | 最大高度 |
| min-width | 最小宽度 |
| max-width | 最大宽度 |

需要注意的是，在使用宽高自适应属性时，通常会将 width 或 height 使用百分比方式进行设置。

**实例 6-25**：分别使用 min-width 和 max-width 属性设置元素的最小宽度和最大宽度，效果如图 6-37 所示。

图 6-37　宽度自适应

代码如下所示：

```html
<!DOCTYPE html>
<html lang="en">
<head>
    <meta charset="UTF-8">
    <title>宽度自适应</title>
    <style>
        /*对比 div，长度 400*/
        div{
            width: 400px;
            height: 20px;
            background: red;
            margin-bottom: 50px;
        }
        /*对比 div，长度 600*/
        .div2{
            width: 600px;
        }
        /*自适应 div*/
        #div{
            width: 100%;
            height: 200px;
```

```
            max-width: 600px;
            min-width: 300px;
            background: red;
        }
    </style>
</head>
<body>
<div class="div1"></div>
<div class="div2"></div>
<div id="div"></div>
</body>
</html>
```

### 6.4.2 屏幕自适应

元素自适应在网页布局中非常重要，它能够使网页显示更灵活，可以适应在不同设备、不同窗口和不同分辨率下显示。在 CSS 中，屏幕自适应通过 "@media" 结合宽度自适应属性实现，语法格式如下所示：

```
@media screen and (min-width/max-width:宽度){
    /*CSS 样式*/
}
```

实例 6-26：使用 "@media" 实现屏幕自适应，缩小屏幕效果如图 6-38 所示。

图 6-38　屏幕自适应

代码如下所示：

```
<!DOCTYPE html>
<html lang="en">
<head>
    <meta charset="UTF-8">
    <title>屏幕自适应</title>
    <style>
        @media screen and (min-width:900px){
            div{
                width: 600px;
                height: 600px;
                background: red;
```

```
            }
        }
        @media screen and (max-width:900px){
            div{
                width: 300px;
                height: 300px;
                background: green;
            }
        }
    </style>
</head>
<body>
<div></div>
</body>
</html>
```

## 任务实施

第一步：编写论坛精选部分。首先对论坛精选区域的标题部分进行样式设置，其中标题文字与热门商品基本相同，右侧的按钮区域则需要添加边框，以及对文字样式和按钮位置进行设置，最后使用自适应属性设置 Web 端标题部分样式。CSS 代码如下所示：

```
/*Web 端 CSS*/
@media screen and (min-width: 900px){
    #omnibus{
        /*宽度*/
        width: 88%;
        /*添加边框*/
        border: 1px #dbdbdb solid;
        /*圆角*/
        border-radius: 10px;
        /*上下外边距为 25,左右居中*/
        margin: 25px auto;
        /*溢出隐藏*/
        overflow: hidden;
        /*背景颜色*/
        background: #fafafa;
    }
    .omnibus_title{
        width: 100%;
        /*高度*/
        height: 60px;
        /*下边框*/
        border-bottom: 1px #dbdbdb solid;
    }
    .omnibus_title div{
        /*设置行高，垂直居中*/
        line-height: 60px;
        /*左浮动*/
        float: left;
        /*左外边距*/
        margin-left: 25px;
    }
    .omnibus_title a{
        /*垂直居中*/
        height: 34px;
```

```
            line-height: 34px;
            /*右外边距*/
            margin-right: 15px;
            /*上外边距*/
            margin-top: 13px;
        }
    }
    .omnibus_title div{
        /*文字大小*/
        font-size: 18px;
        /*粗细程度*/
        font-weight: bolder;
        /*文字颜色*/
        color: #666;
    }
    .omnibus_title a{
        /*类型转换*/
        display: block;
        /*右浮动*/
        float: right;
        font-size: 14px;
        font-weight: bolder;
        color: #666;
        /*边框*/
        border: 1px #e1e1e1 solid;
        /*圆角*/
        border-radius: 5px;
        /*内边距*/
        padding: 0 15px;
        /*相对定位*/
        position: relative;
    }
    .omnibus_title a:hover{
        /*指针样式*/
        cursor: pointer;
    }
```

效果如图 6-39 所示。

论坛精选　　　　　　　　　　　　　　　　　　　　　　　　　　　　　　　　　　前往论坛 >

图 6-39　Web 端论坛精选区域标题部分样式

第二步：设置 Web 端论坛文章展示区域样式，包括文章对应图片的大小和位置，以及对文章标题、文章简介等文字样式进行设置，如字体大小、字体颜色等，代码如下所示：

```
/*Web端CSS*/
@media screen and (min-width: 900px){
    #omnibus{
        /*宽度*/
        width: 88%;
        /*添加边框*/
        border: 1px #dbdbdb solid;
        /*圆角*/
        border-radius: 10px;
        /*上下外边距为25,左右居中*/
```

```css
        margin: 25px auto;
        /*溢出隐藏*/
        overflow: hidden;
        /*背景颜色*/
        background: #fafafa;
    }
    .omnibus_title{
        width: 100%;
        /*高度*/
        height: 60px;
        /*下边框*/
        border-bottom: 1px #dbdbdb solid;
    }
    .omnibus_title div{
        /*设置行高,垂直居中*/
        line-height: 60px;
        /*左浮动*/
        float: left;
        /*左外边距*/
        margin-left: 25px;
    }
    .omnibus_title a{
        /*垂直居中*/
        height: 34px;
        line-height: 34px;
        /*右外边距*/
        margin-right: 15px;
        /*上外边距*/
        margin-top: 13px;
    }
    .omnibus_list a{
        /*转换为块级元素*/
        display: block;
        width: 25%;
        /*固定宽高*/
        box-sizing: border-box;
        /*左边框*/
        border-left: 1px #efefef solid;
        /*相对定位*/
        position: relative;
        float: left;
        /*下内边距*/
        padding-bottom: 25px;
        background: #ffffff;
    }
    .omnibus_list a:first-child{
        border-left: none;
    }
    .omnibus_list dl dt{
        /*横向居中*/
        margin: 0 auto;
        margin-top: 30px;
        margin-bottom: 25px;
    }
}
/*公用样式*/
.omnibus_title div{
    /*文字大小*/
```

```css
    font-size: 18px;
    /*粗细程度*/
    font-weight: bolder;
    /*文字颜色*/
    color: #666;
}
.omnibus_title a{
    /*类型转换*/
    display: block;
    /*右浮动*/
    float: right;
    font-size: 14px;
    font-weight: bolder;
    color: #666;
    /*边框*/
    border: 1px #e1e1e1 solid;
    /*圆角*/
    border-radius: 5px;
    /*内边距*/
    padding: 0 15px;
    /*相对定位*/
    position: relative;
}
.omnibus_title a:hover{
    /*指针样式*/
    cursor: pointer;
}
.omnibus_list{
    width: 100%;
}
.omnibus_list dl dt{
    width: 100%;
    float: left;
}
.omnibus_list dl dt img{
    display: block;
    width: 80%;
    margin: 0 auto;
}
.omnibus_context{
    /*宽度*/
    width: 82%;
    /*高度*/
    height: 36px;
    /*文字大小*/
    font-size: 12px;
    /*颜色*/
    color: #999;
    /*粗细*/
    font-weight: 400;
    /*行高*/
    line-height: 18px;
    /*外边距*/
    margin-left: 10%;
    margin-top: 10px;
    /*多行省略号设置*/
    overflow: hidden;
    text-overflow: ellipsis;
```

```
        display: -webkit-box;
        -webkit-line-clamp: 2;
        -webkit-box-orient: vertical;
    }
    .omnibus_list a:hover{
        cursor: pointer;
        /*浮动阴影*/
        box-shadow: inset 0 0 38px rgb(0 0 0/0.08);
    }
    .omnibus_go{
        font-size: 12px;
        font-weight: 500;
        color: #5079d9;
        margin-left: 10%;
        margin-top: 12px;
    }
    .omnibus_name{
        width: 80%;
        font-size: 15px;
        color: #333;
        font-weight: 700;
        margin-left: 10%;
        /*单行省略*/
        white-space: nowrap;
        text-overflow: ellipsis;
        overflow: hidden;
    }
```

效果如图 6-40 所示。

图 6-40　Web 端论坛文章展示区域样式

第三步：设置移动端论坛精选区域样式，包括标题部分的宽度、高度、边距及背景颜色，以及对下方文章展示中的图片大小、位置和文章标题、文章简介等进行设置，CSS 代码如下所示：

```
/*移动端 CSS*/
@media screen and (max-width: 900px){
    #omnibus{
        width: 100%;
        float: left;
        /*最小宽度*/
        min-width: 400px;
        /*下外边距*/
```

```css
    margin-bottom: 50px;
    /*上外边距*/
    margin-top: 15px;
}
.omnibus_title{
    width: 100%;
    /*高度*/
    height: 40px;
    /*相对定位*/
    position: relative;
    /*背景颜色*/
    background: #ffffff;
}
.omnibus_title div{
    width: 100%;
    line-height: 40px;
    /*绝对定位*/
    position: absolute;
    /*首行缩进*/
    text-indent: 10px;
}
.omnibus_title a{
    /*垂直居中*/
    height: 26px;
    line-height: 26px;
    /*右外边距*/
    margin-right: 10px;
    /*上外边距*/
    margin-top: 7px;
}
.omnibus_list a{
    /*类型转换*/
    display: block;
    width: 47%;
    /*左浮动*/
    float: left;
    margin-top: 10px;
    /*左外边距*/
    margin-left: 2%;
    background: #ffffff;
    /*下内边距*/
    padding-bottom: 15px;
}
.omnibus_list dl dt{
    margin-top: 20px;
    margin-bottom: 15px;
}
}
```

效果如图6-41所示。

图 6-41 移动端论坛精选区域样式

## 项目总结

本项目通过对购物网站页面的美化，分别使用字体属性设置字体样式，使用文本属性设置文本样式，使用列表属性设置列表样式，使用背景图像属性设置背景样式，使用浮动属性使元素横向排列，并使用边框属性为元素添加边框，最后使用自适应属性设置不同设备的适配。通过任务的实现，能够对 CSS 核心属性和自适应属性有更深的认识，对 CSS 浮动属性和边框属性的应用有所了解并掌握，能够独立完成网站页面的美化。

# 项目 7
# CSS3 过渡变形与动画

## 项目概述

研学是让课本上的知识"鲜活"了,让历史上的人物走下"神坛",变得可以触摸,可以感觉。研学网站是通过网站介绍相关的红色旅游景区、军事旅游文化等场所,研学旅行是深化我国教育改革的重要举措,有利于推进中小学生的素质教育,加强学生的"知行合一",为培养国家人才做好充分准备。同时研学旅行也加强了学校教育和校外多样教育的结合,减少了传统教育的"背书式"体验,增强了教育教学趣味感,吸引了学生的注意力。再者,研学旅行也有利于校内外合作,延伸教育教学基地,促进教学的多样化。本项目通过三个任务来制作研学旅行网站,用于拓展大家的视野,同时能够使大家熟练使用 CSS3 新增的过渡、变形、动画等标签和属性。

思政拓展
响应国家号召,了解研学旅行

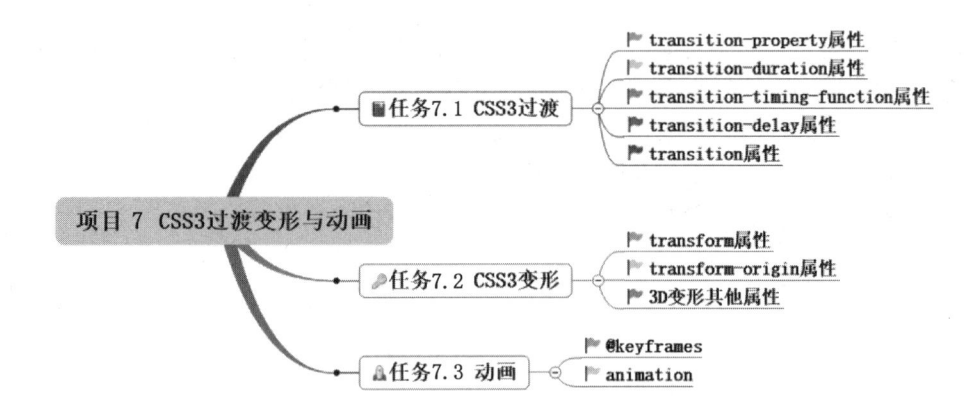

## 项目导航

- 任务7.1 CSS3过渡
  - transition-property属性
  - transition-duration属性
  - transition-timing-function属性
  - transition-delay属性
  - transition属性

项目 7 CSS3过渡变形与动画

- 任务7.2 CSS3变形
  - transform属性
  - transform-origin属性
  - 3D变形其他属性

- 任务7.3 动画
  - @keyframes
  - animation

## 任务 7.1　CSS3 过渡

### 任务目标

本任务是实现研学旅行中的第一步，需要根据网站的布局来编写网站导航，在此基础上使用 transition 实现导航背景颜色的过渡，从而实现整个网站的导航标签部分。通过本任务的学习了解 transition 及相关属性用法，并能够学以致用。

### 任务准备

在网页中，CSS3 提供了非常强大的过渡属性，主要作用是为元素从一种样式转变为另一种样式时添加效果。这种属性可以不再依赖使用 Flash 动画或者是 JavaScript 脚本，使用 CSS3 代码来实现更加方便快捷。

#### 7.1.1　transition-property 属性

transition-property 属性是用来设置过渡效果的 CSS 属性的名称，拥有三个属性值，具体语法格式如下所示：

```
transition-property: none | all | property;
```

属性值对应的含义如下所示：
- none：没有属性就会获得过渡效果。
- all：所有属性都会获得过渡效果。
- property：定义应用过渡效果的 CSS 属性名称，多个名称之间用逗号分隔。

#### 7.1.2　transition-duration 属性

transition-duration 属性主要表示过渡效果需要花费的时间，可以用秒或者毫秒表示，默认值为 0。具体语法格式如下所示：

```
transition-duration: time;
```

**实例 7-1**：使用 transition-duration 设置 div 过渡效果时长为 5s，使用 transition-property 改变元素背景颜色，效果如图 7-1 所示，左边为开始时界面效果，右边为鼠标移动到 div 上的效果。

图 7-1　transition-property 属性应用

图 7-1　transition-property 属性应用（续）

代码如下所示：

```html
<!doctype html>
<html>
<head>
<meta charset="utf-8">
<title>transition-property 属性</title>
<style type="text/css">
div{
    width:400px;
    height:100px
    background-color:red;
    font-weight:bold;
    color:#FFF;
}
div:hover{
    background-color:blue;
    /*指定动画过渡的CSS 属性*/
    transition-property:background-color;
    /*指定动画过渡的CSS 属性*/
    transition-duration:5s;
}
</style>
</head>
<body>
    <div>使用transition-property 属性改变元素背景色</div>
</body>
</html>
```

## 7.1.3　transition-timing-function 属性

transition-timing-function 属性表示过渡效果的速度曲线，属性值有 6 种，分别是 linear、ease、ease-in、ease-out、ease-in-out、cubic-bezier(n,n,n,n)。

transition-timing-function 的 6 种属性值相关含义如表 7-1 所示。

表 7-1　transition-timing-function 属性

| 属性值 | 描述 |
| --- | --- |
| linear | 指定以相同速度开始至结束的过渡效果，等同于 cubic-bezier(0,0,1,1) |
| ease | 指定以慢速开始，然后加快，最后慢慢结束的过渡效果，等同于 cubic-bezier(0.25,0.1,0.25,1) |
| ease-in | 指定以慢速开始，然后逐渐加快（淡入效果）的过渡效果，等同于 cubic-bezier(0.42,0,1,1) |
| ease-out | 指定以慢速结束（淡出效果）的过渡效果，等同于 cubic-bezier(0,0,0.58,1) |

续表

| 属 性 值 | 描 述 |
|---|---|
| ease-in-out | 指定以慢速开始和结束的过渡效果，等同于 cubic-bezier(0.42,0,0.58,1) |
| cubic-bezier(n,n,n,n) | 定义用于加速或者减速的贝塞尔曲线的形状，它们的值在 0~1 之间 |

**实例 7-2**：需要给<div>标签设置以下过渡，当鼠标指针移动到 div 界面时，动画过渡时间为 2s，设置边框弧度为 50%，动画效果为慢速开始，效果如图 7-2 所示。左边为开始时界面效果，右边为鼠标指针移动到 div 上的效果。

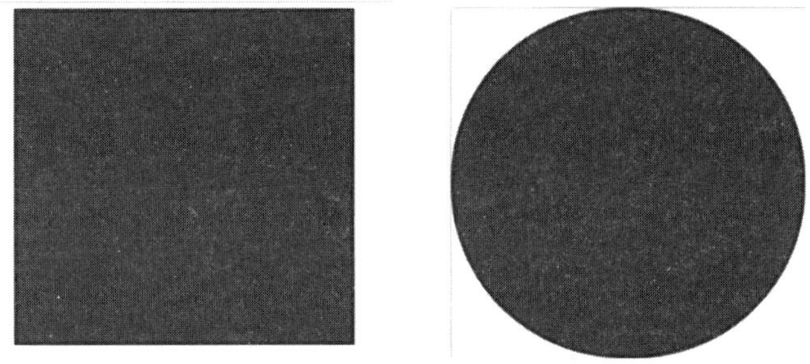

图 7-2　transition-timing-function 效果图

为了实现图 7-2 的效果，代码如下所示：

```html
<!doctype html>
<html>
<head>
<meta charset="utf-8">
<title>transition-timing-function 属性</title>
<style type="text/css">
div{
    width:424px;
    height:406px;
    margin:0 auto;
    background:red;
    border:5px solid #333;
    border-radius:0px;
    }
div:hover{
    border-radius:50%;
    transition-property:border-radius;    /*指定动画过渡的 CSS 属性*/
    transition-duration:2s;    /*指定动画过渡的时间*/
    transition-timing-function:ease-in;    /*指定动画过以慢速开始和结束的过渡效果*/
    }
</style>
</head>
<body>
<div></div>
</body>
</html>
```

### 7.1.4　transition-delay 属性

transition-delay 属性表示过渡效果何时开始，常用的单位为秒（s）或者毫秒（ms）。默认取值为 0，其使用的语法格式如下：

```
transition-delay:time;
```

说明：在使用过程中，time 可以为正数或者负数，正数表示过渡动作会延迟触发，负数表示过渡动作会从该时间点开始，之前的动作被截断。

**实例 7-3**：在实例 7-2 的基础上设置动画在 5s 之后开始过渡，代码如下所示：

```
<!doctype html>
<html>
<head>
<meta charset="utf-8">
<title>transition-timing-function 属性</title>
<style type="text/css">
div{
    width:424px;
    height:406px;
    margin:0 auto;
    background:red;
    border:5px solid #333;
    border-radius:0px;
    }
div:hover{
    border-radius:50%;
    transition-property:border-radius;    /*指定动画过渡的CSS属性*/
    transition-duration:2s;    /*指定动画过渡的时间*/
    transition-timing-function:ease-in;    /*指定动画过以慢速开始和结束的过渡效果*/
    transition-delay:5s;
    }
</style>
</head>
<body>
<div></div>
</body>
</html>
```

### 7.1.5 transition 属性

transition 属性主要功能是实现背景图像过渡的效果，是一个复合属性，包含过渡效果的名称、过渡时间、过渡效果、过渡开始时间等内容，是 CSS3 新增的功能，在做动画时使用最多。transition 的语法格式如下所示：

```
transition: property duration timing-function delay;
```

transition 属性值及描述如表 7-2 所示。

表 7-2 transition 的属性值及描述

| 值 | 描述 |
| --- | --- |
| property | 表示设置过渡效果的 CSS 属性的名称 |
| duration | 表示完成过渡效果需要多少秒或毫秒 |
| timing-function | 表示过渡效果的速度曲线 |
| delay | 表示过渡效果何时开始 |

在使用 transition 属性过程中，当设置多个过渡效果时，它的各个参数必须按照顺序进行，不能够颠倒。

transition 使用示例如下所示：

```
transition:border-radius 5s ease-in-out 2s;
```

表示设置边框的动画效果，过渡时间为 5s，以慢速开始和结束，过渡效果在 2s 时开始。

**实例 7-4**：定义一个宽度和高度都是 100px，背景属性为#F00 的正方形，使用 transition 属性来设置正方形的过渡效果，过渡属性名称为宽度，过渡效果为 3s，请编写代码并实现效果。效果如图 7-3 所示。

请把鼠标指针移动到 div 元素上或手指单击 div，就可以看到过渡效果。

过渡前效果

请把鼠标指针移动到 div 元素上或手指单击 div，就可以看到过渡效果。

过渡后效果

图 7-3 transition 的应用效果图

为了实现图 7-3 的效果，新建"CORE0314.html"，代码如下所示：

```
//代码 CORE0314：transition 属性的使用
<!DOCTYPE html>
<html lang="en">
<head>
    <meta charset="UTF-8">
    <title>Title</title>
    <style>
        div
        {
            width:100px;
            height:100px;
            background:#F00;
            transition:width 3s;/*过渡宽度为 3s*/
        }
```

```
            div:hover
            {
                width:300px;
                height:200px;
                border-radius:50px;/*圆角边框 50px*/
            }
        </style>
    </head>
    <body>
    <div></div>
    <p>请把鼠标指针移动到 div 元素上或手指单击 div，就可以看到过渡效果。</p>
    </body>
</html>
```

## 任务实施

第一步：分析要制作的网页部分，效果如图 7-4 所示。在图中包含两部分，分别是 Logo 和导航部分，导航部分分为上下两部分，分别是上面的登录注册、招聘信息，下面为网站的整体导航。

图 7-4　导航整体结构图

第二步：创建一个 HTML5 页面，同时创建 layout.css 和 global.css 文件，HTML 页面主要存放<html>标签，使用外链的方式引入 CSS，layout.css 用来存放网站的样式，global.css 用来放置网站基本定义。此时代码如下所示：

```
<!DOCTYPE html>
<html lang="en">
<head>
    <meta charset="UTF-8">
    <title>Title</title>
    <link href="css/global.css" type="text/css" rel="stylesheet">
    <link href="css/layout.css" type="text/css" rel="stylesheet">
</head>
<body>
</body>
</html>
```

第三步：定义网站基本样式，主要对整个网站使用的标签进行边距、边框、背景、字体的设置，同时设置 body 默认字体为 12px，字体为微软雅黑，颜色为#333，列表样式为 none 等，具体 CSS 代码如下所示：

```
@charset "utf-8";
/* CSS Document */
/*网站基本定义*/
div,form,img,ul,ol,li,dl,dt,dd,p,tr,td,input,body,strong,span,pre{
    margin: 0;
    padding: 0;
    border: 0;
    background-repeat: no-repeat;
```

```css
}
h1,h2,h3,h4,h5,h6,p {
    margin: 0;
    padding: 0;
    font-weight: normal;
}
body {
    font-size: 12px;
    font-family: "微软雅黑";
    margin: 0px;
    padding: 0px;
    color: #333;
    line-height: 24px;
    height: auto;
    clear: both;
}
.ny_body {
    background: #fbfbfb;
}
img {
    border: 0px;
}
ul,li {
    list-style: none;
}
em,i {
    font-style: normal;
}
a {
    text-decoration: none;
    color: #333;
}
a:hover {
    background-repeat: no-repeat;
    color: #005bac;
}
.clear {
    clear: both;
    line-height: 0;
    height: 0;
    font-size: 0;
}
input,buttom {
    outline: none;
}
.clearfix:after {
    visibility: hidden;
    display: block;
    font-size: 0;
    content: " ";
    clear: both;
    height: 0;
}
.clearfix {
    *zoom: 1;
}
```

第三步：开始制作左边 Logo 部分，Logo 部分为图片和文字的结合，文字为"研学旅行，定制您的人生体验"。HTML 代码如下所示：

```
<div class="index_top">
    <div class="top_logo">
        <h3>
            研学旅行，定制您的人生体验</h3>
    </div>
</div>
```

此时运行代码，效果如图 7-5 所示。

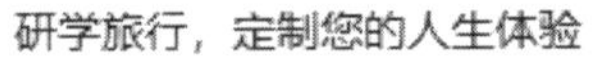

研学旅行，定制您的人生体验

图 7-5 头部效果

第四步：通过图 7-5 可以看出只包含文字，图片部分需要通过 class 来设置，CSS 代码如下所示：

```css
.index_top {
    width: 1180px;
    margin: 0px auto;
}
.top_logo {
    float: left;
}
.top_logo h3 {
    float: right;
    background: url(../img/h3_bg_03.png) no-repeat top;
    margin-top: 60px;
    padding-top: 30px;
    width: 220px;
    font-size: 16px;
    color: #332c2b;
}
.top_menu ul li.last_li img {
    display: block;
    padding-top: 12px;
    cursor: pointer;
}
```

重新刷新浏览器，看到效果如图 7-6 所示。

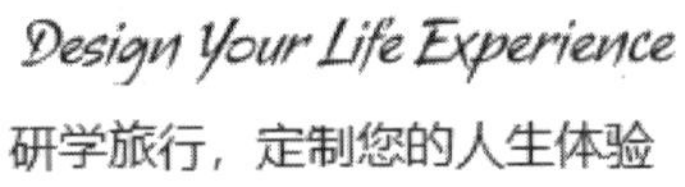

*Design Your Life Experience*
研学旅行，定制您的人生体验

图 7-6 头部设置 CSS 效果

第五步：编写右侧导航部分，右侧导航包含上下两部分，登录注册、招聘信息可以使用 `<a>` 标签，网站导航可以使用无序列表元素，具体代码如下所示：

```
<div class="top_menu">
        <div class="login">
             <a href="#"> 登 录 </a>|<a href="#"> 注 册 </a> <span><a href="job.html">招聘信息</a></span>
        </div>
        <ul>
            <li class="fir_li" id="cur_1"><a href="index.html"> 首 页 </a></li>
```

```html
            <li id="cur_2"><a href="##">特别企划</a>
            </li>
            <li id="cur_3"><a href="#">红色研学</a></li>
            <li id="cur_4"><a href="#">国内研学</a></li>
            <li id="cur_5"><a href="#">关于我们</a></li>
            <li id="cur_6"><a href="#">精彩旅迹 </a></li>
            <li class="last_li">
                <img src="img/index_22.png" width="18" height="17" alt="">
            </li>
            <div class="clear">
            </div>
        </ul>
    </div>
```

此时刷新浏览器，效果如图 7-7 所示。

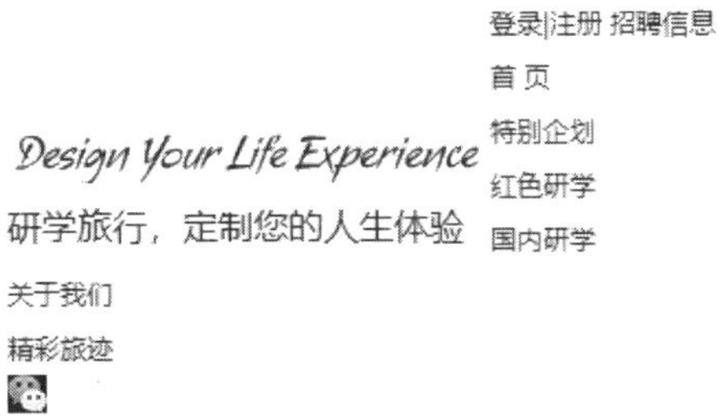

图 7-7　头部整体页面内容

第六步：设置网页导航样式，列表需要在同一行显示需要设置的浮动标签 float，同时需要设置对应的背景颜色等，对应 CSS 代码如下所示：

```css
.top_menu {
    float: right;
    width: 615px;
}
.top_menu {
    text-align: right;
    color: #333;
}
.login {
    margin: 20px 0px;
}
.login a {
    color: #333;
    padding: 0px 5px;
}
.login em {
    background: url(../img/login_03.png) no-repeat left;
    padding-left: 15px;
}
.login span {
    background: url(../img/login_06.png) no-repeat left;
    padding-left: 10px;
}
.top_menu ul {
    background: url(../img/index_16.png) no-repeat right;
    height: 50px;
    line-height: 50px;
```

```
}
.top_menu ul li {
    float: left;
    background: #332c2b;
    height: 50px;
}
.top_menu ul li.fir_li {
    background: black no-repeat;
}
.top_menu ul li.last_li {
    padding: 5px 20px;
    height: 40px;
    background: #332c2b url(../img/wx_r_bg.jpg) no-repeat left;
    position: relative;
}
.top_menu ul li a {
    font-size: 14px;
    color: #fff;
    display: block;
    padding: 0px 20px;
}
```

此时运行代码,效果如图 7-8 所示。

图 7-8 头部整体添加样式效果

第七步:设置网页导航栏的过渡效果,CSS 代码如下所示:

```
/*过渡*/
.top_menu ul li.fir_li a:hover {
    background: orangered no-repeat;
    transition: all 5s ease-in-out 1s;
}
.top_menu ul li a:hover,
.top_menu ul li.cur {
    background: #652c89;
    transition: all 5s ease-in 1s;
}
```

此时会发现当鼠标指针移动到导航栏部分时,背景颜色会在 5s 的时间内由黑色变为紫色(#652c89)。到此研学旅行头部导航部分就已制作完成。

## 任务 7.2 CSS3 变形

### 任务目标

本任务是实现研学旅行的第二步,制作首页中的特别企划部分,该部分主要由列表和图片组成,需要实现的是在图片中添加一些图片变形的效果,比如图片围绕 Y 轴进行旋转、图片放大或者旋转等效果。通过本任务的学习,需要掌握 transform 相关属性及属性值的使用方法,以及 2D 变形和 3D 变形之间不同属性值的使用方法。

## 任务准备

### 7.2.1 transform 属性

在 CSS3 中，可以使用 transform 来实现图像的变形，变形包含对图像的平移、缩放、旋转、倾斜等内容。使用 transform 省去了加载额外文件的过程，从而提高了网页开发者的工作效率和页面的执行速度。

在使用 transform 的过程中，图像的变形都可以理解为是元素在一个坐标系统中的变形，其基本语法如下所示：

```
transform: none | transform-functions;
```

其中，none 是 transform 的默认值，表示在内联元素或块元素中不进行变形。

transform-functions 是设置变形的函数，可以包含一个或多个变形函数列表。具体函数及描述如表 7-3 所示。

表 7-3 transform-functions 相关函数

| 函数 | 描述 |
| --- | --- |
| translate() | 移动元素对象，即基于 X 和 Y 坐标重新定位元素 |
| scale() | 缩放元素对象，可以使任意元素对象尺寸发生变化，取值包括正数、负数和小数 |
| rotate() | 旋转元素对象，取值为一个度数值 |
| skew() | 倾斜元素对象，取值为一个度数值 |
| matrix() | 定义矩形变换，即基于 X 和 Y 坐标重新定位元素的位置 |
| rotateX() | 3D 转换中，旋转 X 轴元素 |
| rotateY() | 3D 转换中，旋转 Y 轴元素 |
| rotateZ() | 3D 转换中，旋转 Z 轴元素 |

#### 1. translate()

translate()函数主要用来实现 2D 图形的平移，也就是移动元素对象，包含两个参数，分别是元素在水平方向上移动的位置和在垂直方形上移动的位置，其语法格式如下所示：

```
transform:translate(x-value,y-value);
```

translate()函数在坐标系中的示意图如图 7-9 所示。

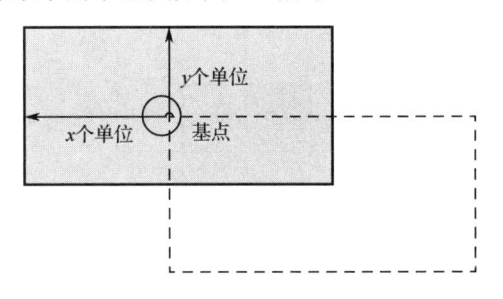

图 7-9 translate()函数示意图

说明：如果第二个参数不写，默认为 0，当属性值为负数时，表示反方向移动。

**实例 7-5：** 使用 transform 中的 translate()对 div 元素向左移动 100px，向下移动 100px，效果如图 7-10 所示。

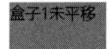

图 7-10　translate ()效果图

代码如下所示：

```
<!doctype html>
<html>
<head>
<meta charset="utf-8">
<title>translate()方法</title>
<style type="text/css">
div{
   width:100px;
   height:50px;
   background-color:#0CC;
}
#div2{transform:translate(100px,100px);}
</style>
</head>
<body>
<div>盒子 1 未平移</div>
<div id="div2">盒子 2 平移</div>
</body>
</html>
```

### 2．scale()

scale()函数主要用来缩放元素大小，包含两个参数，分别用来定义宽度和高度的缩放比例，其参数的属性值可以为正数、负数和小数，正数表示指定的宽度和高度放大元素，负数表示反转元素之后再缩放元素，第二个参数值可以省略，语法格式如下所示：

```
transform:scale(x-axis,y-axis);
```

scale()函数在坐标系中的示意图如图 7-11 所示。

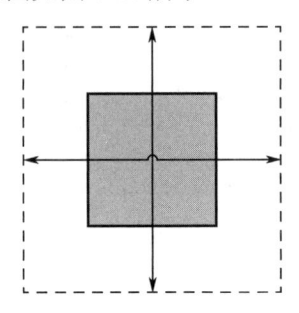

图 7-11　scale()函数示意图

**实例 7-6**：使用 transform 中的 scale()对 div 元素的横坐标和纵坐标放大 3 倍，效果如图 7-12 所示。

图 7-12　scale()函数使用效果图

代码如下所示：

```
<!doctype html>
<html>
<head>
<meta charset="utf-8">
<title>scale()方法</title>
<style type="text/css">
div{
    width:100px;
    height:50px;
    background-color:#FF0;
    border:1px solid black;
}
#div2{
    margin:100px;
    transform:scale(3,3);
}
</style>
</head>
<body>
<div>我是原来的元素</div>
<div id="div2">我是放大后的元素</div>
</body>
</html>
```

#### 3．rotate()

rotate()方法能够旋转指定的元素对象，主要在二维空间内进行操作。该方法中的参数允许传入负值，如果角度为正数值，则顺时针旋转，否则，逆时针旋转。语法格式如下所示：

```
transform:rotate(angle);
```

rotate()函数在坐标系中的示意图如图 7-13 所示。

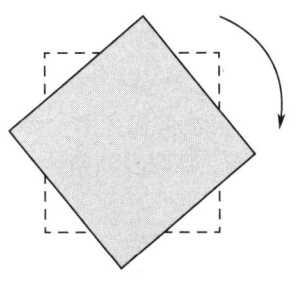

图 7-13　rotate()函数示意图

**实例7-7**：使用 transform 中的 rotate()对 div 元素旋转 80 度，效果如图 7-14 所示。

图 7-14　rotate ()函数效果图

代码如下所示：

```html
<!doctype html>
<html>
<head>
<meta charset="utf-8">
<title> rotate ()函数使用</title>
<style>
#div1{
   position:relative;
   width: 200px;
   height: 200px;
   margin: 100px auto;
   padding:10px;
   border: 1px solid black;
}
#box03{
   padding:20px;
   position:absolute;
   border:1px solid black;
   background-color:#FF0;
   transform:rotate(80deg);                /*旋转80°*/
}
</style>
</head>
<body>
<div id="div1">
    <div id="box03">未更改基点位置</div>
</div>
</body>
</html>
```

4．skew()

skew()方法能够让元素倾斜显示，该函数包含两个参数值，分别用来定义 $X$ 轴和 $Y$ 轴坐标倾斜的角度。如果省略了第二个参数，则取默认值为 0。语法格式如下所示：

```
transform:skew(x-angle,y-angle);
```

skew()函数在坐标系中的示意图如图 7-15 所示。

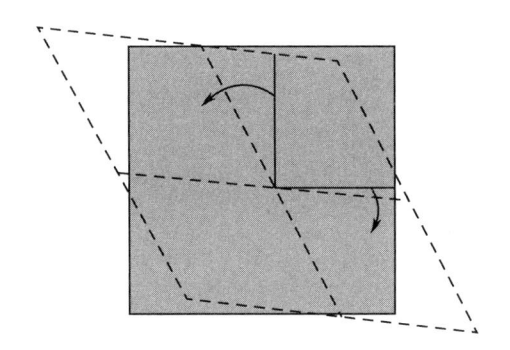

图 7-15　skew ()函数示意图

**实例 7-8**：使用 transform 中的 skew()对 div 元素的横坐标和纵坐标分别切斜 30 度和-20 度，效果如图 7-16 所示。

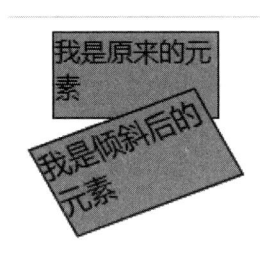

图 7-16　skew ()函数使用效果图

代码如下所示：

```html
<!doctype html>
<html>
<head>
<meta charset="utf-8">
<title>skew()方法</title>
<style type="text/css">
div{
    width:100px;
    height:50px;
    margin:0 auto;
    background-color:#F90;
    border:1px solid black;
}
#div2{transform:skew(30deg,-20deg);}
</style>
</head>
<body>
<div>我是原来的元素</div>
<div id="div2">我是倾斜后的元素</div>
</body>
</html>
```

### 5. matrix()

matrix()函数主要用来定义矩形变换，比如图形的平移、缩放、旋转、倾斜等，所以说这个函数可以实现 translate()、scale()、rotate()、skew()等函数的功能，但使用起来比较复杂，包含 6 个参数，分别用来控制不同的变换。其语法格式如下所示：

```
transform:matrix(a,b,c,d,tx,ty);
```

每个参数的说明如下：
- 第一个参数 a 表示水平缩放；
- 第二个参数 b 表示水平拉伸；
- 第三个参数 c 表示垂直拉伸；
- 第四个参数 d 表示垂直缩放；
- 第五个参数 tx 表示水平位移；
- 第六个参数 ty 表示垂直位移。

在使用过程中 transform:matrix(1,0,0,1,x,y)等同于 transform:translate(x,y)；

矩阵 matrix 缩放（Scale）

matrix(sx,0,0,sy,0,0)——scale(sx,sy)

矩阵 matrix 旋转（Rotate）

matrix(cosθ,sinθ,-sinθ,cosθ,0,0)——rotate(θdeg)。

矩阵 matrix 拉伸（Skew）

matrix(1,tanθy,tanθx,1,0,0)——skew(θxdeg,θydeg)

在使用 matrix()函数过程中需要了解矩阵的基础知识，本书不对矩阵做详细介绍。

### 6．rotateX()、rotateY()、rotateZ()

rotateX()函数主要在 3D 图形转换过程中指定元素围绕 X 轴旋转，包含 1 个参数，用来定义旋转的角度值，单位是 deg。取值范围可以为正数也可以为负数。如果值为正，元素将围绕 X 轴顺时针旋转；反之，如果值为负，元素将围绕 X 轴逆时针旋转。语法格式如下所示：

```
transform:rotateX(a);
```

在使用 rotateY()和 rotateZ()函数的过程中，使用方式和 rotateX()的使用方式相同，但含义分别表示元素围绕 Y 轴旋转和元素围绕 Z 轴旋转。

## 7.2.2　transform-origin 属性

在使用 transform 属性时，CSS 变形进行的旋转、平移、缩放等操作都是以元素自己为中心位置进行变形的，如果想设置旋转元素的基点位置，可以使用 transform-origin 属性。其语法格式如下所示：

```
transform-origin: x-axis y-axis z-axis;
```

说明：transform-origin 的值分别默认为 50%、50%、0。属性值可以是百分比、em、px 等具体的值，也可以是 top、right、bottom、left、center 等关键词。

**实例 7-10**：使用 transform 中的 rotate()对 div 元素旋转 80 度，transform-origin 更改原点坐标位置为 X 轴 20%，Y 轴 40%。效果如图 7-17 所示。

图 7-17  transform 使用效果图

代码如下所示：

```html
<!doctype html>
<html>
<head>
<meta charset="utf-8">
<title>transform-origin 属性</title>
<style>
#div1{
   position:relative;
   width: 200px;
   height: 200px;
   margin: 100px auto;
   padding:10px;
   border: 1px solid black;
}
#box02{
   padding:20px;
   position:absolute;
   border:1px solid black;
   background-color: red;
   transform:rotate(80deg);                 /*旋转80°*/
   transform-origin:20% 40%;                /*更改原点坐标的位置*/
}
#box03{
   padding:20px;
   position:absolute;
   border:1px solid black;
   background-color:#FF0;
   transform:rotate(80deg);                 /*旋转80°*/
}
</style>
</head>
<body>
<div id="div1">
    <div id="box02">更改基点位置</div>
    <div id="box03">未更改基点位置</div>
</div>
</body>
</html>
```

### 7.2.3 3D 变形其他属性

3D 变形属性过程中除了使用 transform 属性外，还有多种属性和方法可以设置不同的转换效果，具体常见属性如表 7-4 所示。

表 7-4  transform 属性

| 属性名称 | 描述 | 属性值 |
| --- | --- | --- |
| transform-style | 用于保存元素的 3D 空间 | flat：子元素将不保留其 3D 位置（默认属性） |
|  |  | preserve-3d：子元素将保留其 3D 位置 |
| backface-visibility | 定义元素在不面对屏幕时是否可见 | visible：背面是可见的 |
|  |  | hidden：背面是不可见的 |

常用的方法如表 7-5 所示。

表 7-5  transform 常用方法

| 方法名称 | 描述 |
| --- | --- |
| translate3d(x,y,z) | 定义 3D 位移 |
| translateX(x) | 定义 3D 位移，仅使用于 X 轴的值 |
| translateY(y) | 定义 3D 位移，仅使用于 Y 轴的值 |
| translateZ(z) | 定义 3D 位移，仅使用于 Z 轴的值 |
| scale3d(x,y,z) | 定义 3D 缩放 |
| scaleX(x) | 定义 3D 缩放，通过给定一个 X 轴的值 |
| scaleY(y) | 定义 3D 缩放，通过给定一个 Y 轴的值 |
| scaleZ(z) | 定义 3D 缩放，通过给定一个 Z 轴的值 |

**实例 7-11**：使用 CSS 变形和过渡实现 div 盒子的变形，效果如图 7-18 所示。

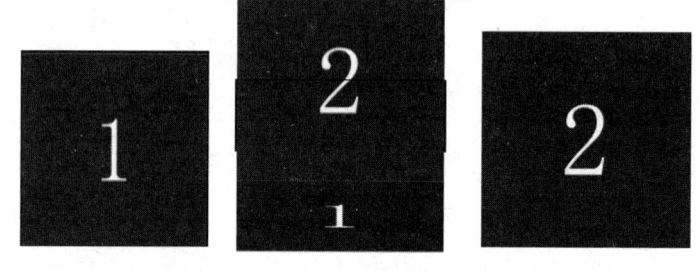

图 7-18  transform 变形过渡效果图

代码如下所示：

```
<!doctype html>
<html>
<head>
<meta charset="utf-8">
<title>translate3D () 方法</title>
```

```
<style type="text/css">
div{
    width:200px;
    height:200px;
    border:2px solid #000;
    position:relative;
    transition:all 1s ease 0s;              /*设置过渡效果*/
    transform-style:preserve-3d;            /*保存嵌套元素的3D空间*/
}
img{
    position:absolute;
    top:0;
    left:0;
    transform:translateZ(100px);
}
.no2{
    transform:rotateX(90deg) translateZ(100px);
}
div:hover{
    transform:rotateX(-90deg);              /*设置旋转角度*/
}
</style>
</head>
<body>
<div>
    <img class="no1" src="1.png">
    <img class="no2" src="2.png">
</div>
</body>
</html>
```

## 任务实施

**第一步**：分析特别企划布局，特别企划部分效果如图 7-19 所示，上面主要包含一个标题导航，下面内容分为三个部分，左边类似一个小导航，中间部分包含一张大的图片，大小为 500 像素×300 像素，下面为两个小的图片，大小为 245 像素×210 像素。三个图片上包含对应的简介信息，右侧由图片和文字叠加组成，文字主要是图片内容的介绍。

图 7-19 特别企划效果图

第二步：编写特别企划部分的小导航，页面效果如图 7-20 所示，HTML 代码如下所示：

```
<div class="index_grobal">
    <em></em>
</div>
```

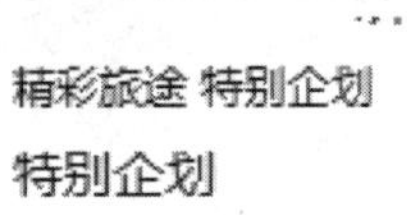

精彩旅途 特别企划

特别企划

图 7-20　特别企划小导航页面效果

第三步：设置特别企划部分的样式，CSS 代码如下所示：

```
.index_grobal {
    background: url(../img/index_line_03.jpg) repeat-x center;
    height: 50px;
    margin: 20px;
    position: relative;
    z-index: 1;
}
.index_grobal em {
    display: block;
    background: url(../img/index_84.jpg) no-repeat center;
    position: absolute;
    left: 50%;
    margin-left: -30px;
    width: 60px;
    height: 51px;
}
.tarval_bt {
    position: relative;
    z-index: 1;
    height: 40px;
    line-height: 40px;
}
.tarval_bt span {
    display: inline-block;
    background: url(../img/index_93.png) no-repeat left;
    padding-left: 120px;
    color: #000;
}
.tarval_bt em {
    display: inline-block;
    float: right;
    background: url(../img/index_88.png) no-repeat;
    width: 60px;
    height: 25px;
    line-height: 25px;
    text-align: center;
    margin-left: 10px;
}
.tarval_bt em a {
    color: #999;
    display: block;
}
.tarval_bt em a:hover,
.tarval_bt em a.cur {
    background: url(../img/index_90.png) no-repeat;
    color: #fff;
```

```css
}
.tarval_bt h3 {
    text-align: center;
    position: absolute;
    left: 50%;
    top: 0px;
    margin-left: -25px;
    font-size: 12px;
    text-transform: uppercase;
    line-height: 18px;
}
.tarval_bt h3 i {
    display: block;
}
.traval_con {
    margin: 30px 0px;
}
.traval_left {
    float: left;
    width: 660px;
}
.traval_right {
    float: right;
    width: 510px;
}
```

刷新浏览器，效果如图 7-21 所示。

图 7-21　特别企划小导航添加样式效果图

第四步：编写特色旅行、特别企划、特色特点部分，HTML 代码如下所示：

```html
<div class="traval_con clearfix">
    <div class="traval_left">
        <dl class="clearfix">
            <dt>
                <h3>
                    特色旅行</h3>
                <ul>
                    <h4>
                        特别企划<span></span></h4>
                    <li>特色特典</li>
                </ul>
            </dt>
        </dl>
    </div>
</div>
```

刷新浏览器，效果如图 7-22 所示。

图 7-22　自定义列表效果

第五步：设置特色旅行、特别企划、特色特点部分样式，CSS 代码如下所示：

```css
.traval_left dl {}
.traval_left dl dt {
    float: left;
    width: 150px;
    position: relative;
}
.traval_left dl dd {
    float: right;
    width: 500px;
    height: 530px;
    position: relative;
}
.traval_left dl dt h3 {
    background: #001c58;
    height: 120px;
    text-align: center;
    line-height: 120px;
    color: #fff;
    font-size: 16px;
}
.traval_left dl dt ul {
    background: url(../img/index_105.jpg) no-repeat;
    padding: 25px 20px;
    height: 350px;
}
.traval_left dl dt ul h4 {
    text-align: center;
    padding: 0px 0px 25px;
    color: #a0a0a0;
    font-size: 14px;
    line-height: 18px;
}
.traval_left dl dt ul h4 span {
    display: block;
    text-transform: uppercase;
    font-size: 12px;
}
.traval_left dl dt ul li {
    text-align: center;
    color: #a0a0a0;
    border-bottom: 1px solid #666;
    padding: 5px 0px;
    cursor: pointer;
}
.traval_left dl dt ul li.cur {
    font-weight: bold;
}
```

刷新浏览器，效果如图 7-23 所示。

项目 7　CSS3 过渡变形与动画

图 7-23　自定义列表样式效果图

第六步：编写布局中间部分，引入三张图片，并设置对应大小，编写对应的文字，HTML 代码如下所示：

```
    <dd>
                    <ul class="clearfix">
                        <li><a href="#">
                            <img  class="pic-1"  src="image/tj_fuluo.jpg" alt="" style="width: 500px;height:300px"></a>
                            <img  class="pic-2"  src="image/tj_fuluo2.jpg" alt="" style="width: 500px;height:300px"></a>
                            <div class="li_txt">
                                <h3>
                                    <em>Special Feature</em>佛罗伦萨小镇
                                </h3>
                                <p>
                                    天津&武清
                                </p>
                            </div>
                        </li>
                        <li><a href="#">
                            <img class="pic-1" src="image/tf_motianlun.jpg" alt="" style="width: 245px;height:210px;"></a>
                            <img class="pic-2" src="image/tf_motianlun.jpg" alt="" style="width: 245px;height:210px;"></a>
                            <div class="li_txt">
```

```html
                    <h3>
                        <em>Special Feature</em>天津之眼
                    </h3>
                    <p>
                        美丽天津
                    </p>
                </div>
            </li>
            <li><a href="#">
                <img class="pic-3" src="img/20160217711411268.jpeg" alt="" style="width: 245px;height:210px;margin-left: 10px;"></a>
    <!--                        <img class="pic-4" src="img/20160217711411268.jpeg" alt="" style="width: 245px;height:210px;margin-left: 10px;"></a>-->
                <div class="li_txt">
                    <h3>
                        <em>Special Feature</em>彩虹的穿越
                    </h3>
                    <p>
                        唯美南非
                    </p>
                </div>
            </li>
        </ul>
    </dd>
```

刷新浏览器，效果如图 7-24 所示。

图 7-24　添加图片后效果

第七步：设置三张图片的样式，CSS 代码如下所示：

```css
.traval_left dl dd ul {
    height: 530px;
}
.traval_left dl dd ul li {
    float: left;
    margin-bottom: 10px;
    position: relative;
    z-index: 99;
}
.traval_left dl dd ul li img {
    display: block;
}
```

刷新浏览器，效果如图 7-25 所示。

图 7-25　设置图片样式后效果

第八步：编写右边部分代码，并设置对应的效果，HTML 代码如下所示：

```html
<div class="traval_right">
            <ul class="clearfix">
                <li><a href="#">
                    <img class="pic-4" src="img/2015041417141610.jpeg" width="245" height="210" alt="" _maximgs=""></a>
                    <div class="tra_good">
                        <h3>
                            <em style="display:none;">500</em>【寻找中土世界】新西兰北岛之旅</h3>
                        <p>
                            《指环王》让新西兰从普通的国度化...</p>
                    </div>
                </li>
```

# HTML5+CSS3项目开发实战（第2版）

```html
            <li><a href="#">
                <img src="img/2015042117283507.jpeg" width="245" height="210" alt="" _maximgs=""></a>
                <div class="tra_good">
                    <h3>
                        <em style="display:none;">500</em>【 Hola , Espanol 燃情伊比利亚】文艺西班牙自驾</h3>
                    <p>
                        千年历史的积淀，这里有顶级的"装…</p>
                </div>
            </li>
            <li><a href="#">
                <img src="img/2015041417141610.jpeg" width="245" height="210" alt="" _maximgs=""></a>
            </li>
            <li><a href="#">
                <img src="img/2015042117283507.jpeg" width="245" height="210" alt="" _maximgs=""></a>
            </li>
        </ul>
    </div>
```

CSS 代码如下所示：

```css
.traval_right ul {}
.traval_right ul li {
    float: left;
    width: 245px;
    margin-right: 10px;
    position: relative;
    z-index: 1;
}
.traval_right ul li.cur {
    margin-right: 0px;
}
.traval_right ul li img {
    display: block;
}
.tra_good {
    padding: 25px 0px;
}
.tra_good h3 {
    font-size: 16px;
    color: #333;
    white-space: nowrap;
    text-overflow: ellipsis;
    overflow: hidden;
}
.tra_good h3 em {
    float: right;
    background: url(../img/index_110.png) no-repeat left;
    display: inline-block;
    padding-left: 15px;
    font-size: 12px;
    cursor: pointer;
}
.tra_good p {
    color: #999;
}
.traval_right ul li.cur2 .tra_good {
    position: absolute;
```

```
    left: 0px;
    bottom: 0px;
    color: #fff;
    background: url(../img/line_bg_03.png) repeat;
    width: 100%;
    padding: 10px 0px;
    /* display:none; */
}
.traval_right ul li.cur2 .tra_good h3 {
    color: #fff;
    padding: 0px 10px;
}
.traval_right ul li.cur2 .tra_good p {
    padding: 0px 10px;
}
```

运行代码效果如图 7-26 所示。

图 7-26　中间部分最终效果

第九步：对图片佛罗伦萨小镇和天津之眼沿着 Y 轴旋转，对彩虹的穿越设置放大效果，对新西兰北岛之旅设置旋转效果，代码如下所示：

```
/*------默认显示的图片效果，加入变形和动画---------*/
.pic-1 {
    opacity: 1;
    transform: rotateY(0);
    transition: all 0.5s ease-out 0s;
}
/*------鼠标滑过默认显示的图片，隐藏并 Y 轴旋转---------*/
li:hover .pic-1 {
    opacity: 0;
    transform: rotateY(-90deg);
}
/*------鼠标滑过时的替换的图片效果，加入变形和动画---------*/
.pic-2 {
    position: absolute;
    top: 0;
    left: 0;
    opacity: 0;
```

```
        transform: rotateY(-90deg);
        transition: all 0.5s ease-out 0s;
}
/*------鼠标滑过时的替换的图片效果,显示并Y轴旋转到0度---------*/
li:hover .pic-2 {
        opacity: 1;
        transform: rotateY(0deg);
}
/*------默认显示的图片效果,加入变形和动画---------*/
.pic-3 {
        opacity: 1;
        transform: rotateY(0);
        transition: all 0.5s ease-in-out 0s;
}
/*------鼠标滑过默认显示的图片,隐藏并Y轴旋转---------*/
li:hover .pic-3 {
        opacity: 0;
        transform: rotateY(-90deg);
        transform:scale(1.5,1.5);
}
.pic-4 {
        opacity: 1;
        transform: rotateY(0);
        transition: all 0.5s ease-in-out 0s;
}
/*------鼠标滑过默认显示的图片,隐藏并Y轴旋转---------*/
li:hover .pic-4 {
        opacity: 0;
        transform: rotateY(-30deg);
        transform:skew(30deg,-20deg);
}
```

此时会发现当鼠标指针移动到对应图片位置时,图片发生了变形。

## 任务 7.3 动画

### 任务目标

本任务是实现研学旅行的第三步,制作首页中的红色研学部分,该部分主要由图片组成,需要实现的是在图片中添加动画效果,在 CSS3 中,过渡和变形只能设置元素的变换过程,并不能对过程中的某一环节进行精确控制,例如,过渡和变形实现的动态效果不能够重复播放。通过本任务的学习,需要掌握 animation 相关属性及属性值的使用方法,使用 animation 属性定义复杂的动画效果。

### 任务准备

在 CSS3 中,过渡和变形只能设置元素的变换过程,并不能对过程中的某一环节进行精确控制,例如,过渡和变形实现的动态效果不能够重复播放。为了实现更加丰富的动画效果,CSS3 提供了 animation 属性,使用 animation 属性可以定义复杂的动画效果。

### 7.3.1 @keyframes

在 CSS3 中，@keyframes 规则用于创建动画，"keyframes"可以理解为关键帧的意思，在设置动画过程中只用 transition 属性实现图像的过渡效果，动画会显得比较粗糙，同时不能够更为精细地控制动画过程，但是用@keyframes 就可以实现这一效果。使用@keyframes 语法的代码如下所示：

```
@keyframes animationname {
        keyframes-selector{css-styles;}
}
```

其中：
- animationname：表示当前动画的名称，它将作为引用时的唯一标识，因此不能为空。
- keyframes-selector：关键帧选择器，即指定当前关键帧要应用到整个动画过程中的位置，值可以是一个百分比、from 或者 to。其中，from 和 0%效果相同，表示动画的开始，to 和 100%效果相同，表示动画的结束。
- css-styles：定义执行到当前关键帧时对应的动画状态，由 CSS 样式属性进行定义，多个属性之间用分号分隔，不能为空。

### 7.3.2 animation

animation 用来设置动画的属性，是一个简写属性，包含动画的名称、动画效果完成所需要的时间、动画的速度曲线等内容。其中，动画的名称、动画效果完成所需的时间、动画的速度曲线等都可以单独使用，使用方式和 transition 相关的属性类似，具体如表 7-6 所示。

表 7-6 animation 属性

| 属 性 | 语 法 | 描 述 |
| --- | --- | --- |
| animation-name | animation-name: keyframename \| none; | 定义要应用的动画名称；keyframename 参数用于规定需要绑定到选择器的 keyframe 的名称 |
| animation-duration | animation-duration: time; | 定义整个动画效果完成所需要的时间；time 参数是以秒（s）或者毫秒（ms）为单位的时间，默认值为 0 |
| animation-timing-function | animation-timing-function:value; | 用来规定动画的速度曲线，vaule 取值包含 linear、ease-in、ease-out、ease-in-out、cubic-bezier(n,n,n,n)等常用属性值，如表 7-7 所示 |
| animation-delay | animation-delay:time; | 用于定义执行动画效果之前延迟的时间 |
| animation-iteration-count | animation-iteration-count: number \| infinite; | 用于定义动画的播放次数；默认值为 1，如果属性值为 number，则用于定义播放动画的次数；如果是 infinite，则指定动画循环播放 |
| animation-direction | animation-direction: normal \| alternate; | 定义当前动画播放的方向；默认值 normal 表示动画每次都会正常显示。如果属性值是 alternate，则动画会在奇数次数（1、3、5 等）正常播放，而在偶数次数（2、4、6 等）逆向播放 |

表 7-7  animation-timing-function 的常用属性值

| 属 性 值 | 描　　述 |
| --- | --- |
| linear | 动画从头到尾的速度是相同的 |
| ease | 默认，动画以低速开始，然后加快，在结束前变慢 |
| ease-in | 动画以低速开始 |
| ease-out | 动画以低速结束 |
| ease-in-out | 动画以低速开始和结束 |
| cubic-bezier(n,n,n,n) | 在 cubic-bezier 函数中自己的值，可能的值是从 0 到 1 的数值 |

**实例**：使用 keyframes 定义一个名为 theanimation，时长为 5s 的动画。正方形在不同时刻，显示的效果不同，不同时刻的效果如图 7-27 所示。

图 7-27  animation 使用效果图

为了实现图 7-27 的效果，代码如下所示：

```
<!DOCTYPE html>
<html>
<head>
    <meta charset=" utf-8">
    <meta name="author" content="http://www.softwhy.com/" />
    <title>@keyframes 使用</title>
    <style type="text/css">
        div{
            width:100px;
            height:100px;
            background:red;
            position:relative;
            animation:theanimation 5s infinite alternate;
        }
        @keyframes theanimation{
            from {left:0px;}
            to {left:200px;}
        }
        @-webkit-keyframes theanimation{
            from {left:0px;}
            to {left:200px;}
```

```
        }
        @-moz-keyframes theanimation{
            from {left:0px;}
            to {left:200px;}
        }
        @-o-keyframes theanimation{
            from {left:0px;}
            to {left:200px;}
        }
        @-ms-keyframes theanimation{
            from {left:0px;}
            to {left:200px;}
        }
    </style>
</head>
<body>
<div></div>
</body>
</html>
```

## 任务实施

第一步：分析本任务，本任务是实现研学旅行的第三步，也就是红色研学部分，红色研学为一些红色旅游基地，通过对红色旅游基地的学习，可以加强大家对祖国的认识。如图 7-28 所示共有 5 张图片，其中对西柏坡图片进行了重点展示，可以通过<img>标签来设置图片。

图 7-28　红色研学整体结构图

第二步：编写红色研学部分的 HTML，代码如下所示：

```
<div class="service_detail">
        <dl class="clearfix">
            <dt>
                <div class="ser_scroll">
                    <ul>
                        <li><a href="#">
                            <img src="image/xibaipo.jpg" width="580" height="525" alt=""></a></li>
```

```
                                </ul>
                            </div>
                            <div class="ser_con">
                                <h3>
                                    红色研学</h3>
                                <p>不忘初心,牢记使命</p>
                            </div>
                            <div class="ads-animation">
                                <span>欢</span>
                                <span>迎</span>
                                <span>来</span>
                                <span>到</span>
                                <span>西</span>
                                <span>柏</span>
                                <span>坡</span>
                                <span>欢迎来到西柏坡</span>
                            </div>
                    </dt>
                    <dd>
                        <ul class="clearfix">
                            <li><a href="#">
                                <img    src="image/zhoudeng.webp"    width="295" height="260" alt="" ></a></li>
                            <li><a href="#">
                                <img   src="image/zhangzizhong.jpg"   width="295" height="260" alt="" ></a></li>
                            <li><a href="#">
                                <img src="image/kangri.png" width="295" height="260" alt=""> </a></li>
                            <li><a href="#">
                                <img    src="image/mzx.png"    width="295"    height="260" alt="" ></a></li>
                        </ul>
                    </dd>
                </dl>
            </div>
```

第三步:编写第三部分样式,代码如下所示:

```
.service_detail dl dt {
    float:left;
    width:580px;
    position:relative;
    z-index:1;
}
.service_detail dl dd {
    float:right;
    width:600px;
}
.service_detail dl dt .ser_con {
    position:absolute;
    left:25px;
    top:0px;
    width:100px;
    height:150px;
    background:#652c89;
    text-align:center;
    color:#fff;
    z-index:2;
```

```css
}
.service_detail dl dt .ser_con h3 {
    padding-top:35px;
    font-size:18px;
}
.ser_scroll {
    position:relative;
    z-index:1;
    width:580px;
    height:525px;
    overflow:hidden;
}
.ser_scroll ul {
    position:absolute;
    width:9999px;
}
.ser_scroll ul li {
    float:left;
}
.ser_btn {
    position:absolute;
    left:50%;
    bottom:20px;
    z-index:2;
}
.ser_btn a {
    background:url(../img/index_79.png) no-repeat;
    display:inline-block;
    width:12px;
    height:12px;
    padding:0px 2px;
}
.ser_btn a:hover {
    background:url(../img/index_77.png) no-repeat;
}
.service_detail dl dd ul {
    }.service_detail dl dd ul li {
    float:left;
    margin-left:5px;
    width:295px;
    display:inline;
    margin-bottom:5px;
}
.service_detail dl dd ul li img {
    display:block;
}
```

第四步：西柏坡图片中的"欢迎来到西柏坡"是一个字一个字出来之后再整体出来，需要使用@keyframes 和 animation 设置动画，CSS 样式如下所示：

```css
/*----动画广告句子------*/
.ads-animation {
    position: absolute;
    left: 132px;
    top: 198px;
    height: 80px;
    width: 400px;
    perspective: 800px;
    z-index: 999;
}
```

```css
/*----带动画广告句子每个文字-*/
.ads-animation span {
    position: absolute;
    font-size: 400%;
    color: transparent;
    text-shadow: 0px 0px 80px rgba(255, 255, 255, 1);
    opacity: 0;
    /*-----套用动画效果-----*/
    animation: rotateWord 8s linear infinite 0s;
}
/*----带动画广告句子第二个字-*/
.ads-animation span:nth-child(2) {
    animation-delay: 1s;
}
/*----带动画广告句子第三个字-*/
.ads-animation span:nth-child(3) {
    animation-delay: 2s;
}
/*----带动画广告句子第四个字-*/
.ads-animation span:nth-child(4) {
    animation-delay: 3s;
}
/*----带动画广告句子第五个字-*/
.ads-animation span:nth-child(5) {
    animation-delay: 4s;
}
/*----带动画广告句子第五个字-*/
.ads-animation span:nth-child(6) {
    animation-delay: 5s;
}
/*----带动画广告句子第六个字-*/
.ads-animation span:nth-child(7) {
    animation-delay: 6s;
}
/*----带动画广告句子第七个字-*/
.ads-animation span:nth-child(8) {
    animation-delay: 7s;
}
/*---------旋转文字动画定义-----------------*/
@keyframes rotateWord {
    0% {
        opacity: 0;
        animation-timing-function: ease-in;
        transform: translateY(-200px) translateZ(300px) rotateY(-120deg);
    }
    5% {
        opacity: 1;
        animation-timing-function: ease-out;
        transform: translateY(0px) translateZ(0px) rotateY(0deg);
    }
    6% {
        text-shadow: 0px 0px 0px rgba(255, 255, 255, 1);
        color:#fff;
    }
    17% {
        opacity: 1;
        text-shadow: 0px 0px 0px rgba(255, 255, 255, 1);
        color:#fff;
    }
```

```
        20% {
            opacity: 0;
        }
        100% {
            opacity: 0;
        }
    }
```

此时研学网站首页主要部分就制作完成了。

## 项目总结

本项目通过对研学旅行网站的制作，设计了三部分动画，分别是使用 transition 实现颜色的过渡，使用 transform 实现图片的变形，使用 @keyframe 和 animation 实现文字的动画显示。通过实现三个任务，能够对 CSS3 中新增过渡变形动画标签有了更深的认识，能够独立设计和编写代码实现动画及图片的变形。

# 项目 8
# 绘图与数据存储

## 项目概述

在网站中,表单是根据用户传递的不同参数生成的,常见的有用户登录、注册、问卷调查等,在使用这些功能的过程中,为了让后台开发工程师操作起来更加方便快捷,需要前端开发者们加上对应的一些表单事件,从而满足数据的有效性,与此同时,为了防止用户乱操作,还会在登录注册等模块中添加验证码功能,从而提高网站的安全性和高效性。

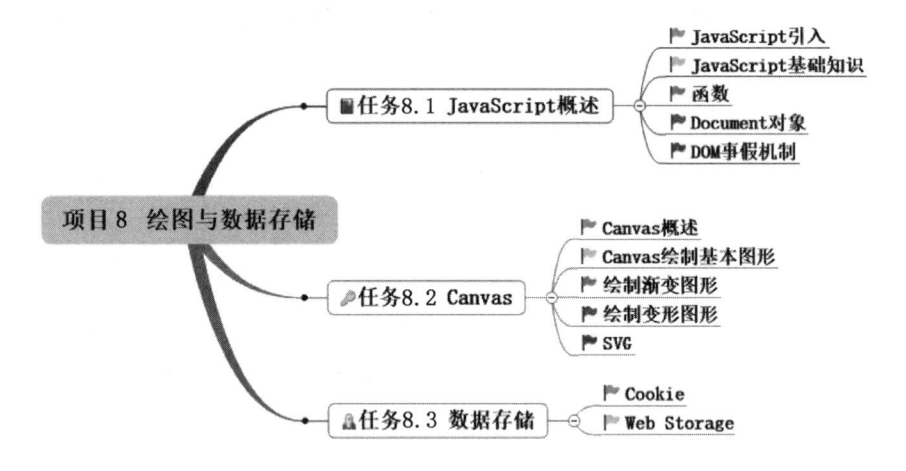

## 项目导航

项目8 绘图与数据存储
- 任务8.1 JavaScript概述
  - JavaScript引入
  - JavaScript基础知识
  - 函数
  - Document对象
  - DOM事假机制
- 任务8.2 Canvas
  - Canvas概述
  - Canvas绘制基本图形
  - 绘制渐变图形
  - 绘制变形图形
  - SVG
- 任务8.3 数据存储
  - Cookie
  - Web Storage

## 任务 8.1  JavaScript 概述

### 任务目标

本任务是使用表单实现研学旅行的用户注册界面,在该界面中,包含设置邮箱或手机号、密码等功能,需要使用 JavaScript 判断表单填写的信息能不能够满足要求,如果满足要求,则可以单击"注册"按钮,并弹出注册成功的信息。通过本任务的学习,读者主要掌握在表单中如何使用 JavaScript 的 Document 对象和 DOM 事件。

## 任务准备

JavaScript 是一种可以嵌入网页的脚本语言，主要作用是在 Web 上创建网页特效，使用它的目的是与 HTML 超文本标识语言、Java 脚本语言一起实现在一个网页中链接多个对象，与网络客户交互作用，从而可以开发客户端的应用程序。

### 8.1.1 JavaScript 引入

JavaScript 有多种引入方式，分别是行内式、嵌入式和外链式。一般情况下，推荐使用外链式引入 JavaScript，这种方式是一个单独的 JS 文件，利于后期修改和维护，能够减小文件体积，加快页面加载速度。

#### 1．行内式

行内式是将 JavaScript 代码作为 HTML 标签的属性值使用。

示例：单击 "demo" 按钮时，弹出一个警告框提示 "这是一个 demo"。语法格式如下所示：

```
<a href="JavaScript:alert('这是一个demo');"> demo </a>
```

#### 2．嵌入式

在 HTML 中运用<script>标签及其相关属性可以嵌入 JavaScript 脚本代码。语法格式如下所示：

```
<head>
<script type="text/JavaScript">
    // 此处为JavaScript代码
</script>
</head>
```

#### 3．外链式

外链式是将所有的 JavaScript 代码放在一个或多个以 js 为扩展名的外部 JavaScript 文件中，通过<src>标签将这些 JavaScript 文件链接到 HTML 文档中。在 HTML 中引入 JS 文件，语法格式如下所示：

```
<script type="text/JavaScript" src="脚本文件路径" >
</script>
```

说明：在使用外链式引入 JS 文件的过程中，可以省略 type 属性。

### 8.1.2 JavaScript 基础知识

#### 1．关键字

JavaScript 中的关键字不可以作为变量、函数名和对象名，常用的关键字有 29 个，具体关键字如表 8-1 所示。

表 8-1　JavaScript 的关键字

| break | case | catch | continue | debugger | default |
|---|---|---|---|---|---|
| delete | do | else | false | finally | for |

续表

| function | if | in | instanceof | new | null |
| --- | --- | --- | --- | --- | --- |
| return | switch | this | throw | true | try |
| typeof | var | void | while | with | |

#### 2．变量及标识符

定义变量需要使用 var 关键字。定义变量格式为：

```
var 变量名；
```

变量名属于标识符，命名时，一定要符合标识符的命名规定，命名规范具体如下。

- 由字母（A-Za-z）、数字（0～9）、下画线（_）、美元符号（$）组成，如 useAge、num01、_name。
- 严格区分大小写，如 var app 和 var App 是两个变量。
- 不能以数字开头，如 18age 是错误的。
- 不能是关键字、保留字，如 var、for、while。
- 变量名必须有意义，如 MMD BBD nl→age。
- 遵守驼峰命名法。首字母小写，后面单词的首字母需要大写，如 myFirstName。

在定义变量的同时对变量进行初始化操作，也可以在变量声明之后通过赋值语句给定值，声明变量并初始化的两种方式代码如下所示：

```
// 第一种：定义 message 变量并赋初始值为"hi"
var message = "hi";
// 第二种：先声明后赋值
var message2;
message2 = "hello";
```

如果需要在执行逻辑之前声明多个变量，可以使用复合写法，在每一个变量名后用逗号隔开。同时声明三个变量并初始化，代码如下所示：

```
// 定义三个变量并初始化
var message = "hi",age = 18, sex = 'man';
document.write(message + '<br>' + age + '<br>' + sex);
```

在浏览器中运行上面的这个代码得到的结果如图 8-1 所示。

```
hi
18
man
```

图 8-1　使用复合写法声明多个变量并输出结果

### 8.1.3　函数

函数在 JavaScript 中是一个比较核心的内容，函数是定义一次却可以任意多次被调用或被时间驱动执行的一段代码，函数包含有参函数和无参函数，同时也可以有返回值和无返回值。在函数中使用 function 关键字来声明，后面跟一组参数及函数体。定义函数和使用有两种方式，第一种方式为通过声明定义函数，通过函数名调用，语法结构如下所示：

```
function test(){//定义函数
//执行代码
}
test();  //调用函数,函数被执行
```

第二种方式为通过表达式定义函数,通过变量名调用,语法结构如下所示:

```
//定义函数,此时函数为匿名函数
var x = function(a){return a;}
//通过变量名调用函数,函数被执行
x(10);
```

**实例 8-1**:使用 function 定义多种类型的函数,包含无参无返回值的函数、无参有返回值的函数、有参有返回值的函数,执行后查看结果。代码如下所示:

```
//(1)定义无参无返回值函数
    function fun{
        alert('这是一个无参无返回值的函数 fun')
    }
    //调用函数
    fun()
//(2)定义无参有返回值的函数
    function funTest(){
        var ret= '这是一个无参有返回值的函数 funTest'
        return ret;
    }
    //调用函数并使用 alert 显示。
    //返回结果为"这是一个无参有返回值的函数 funTest"
    alert(funTest());
    //(3)定义一个有参有返回值的函数
    var x = function(num1,num2){
        return num1+num2;
    }
    //使用变量调用函数,返回结果为 7
    alert(x(3,4))
```

## 8.1.4 Document 对象

如果我们想要在 JavaScript 中操作某个标签,首先要获取该标签的属性。在 JavaScript 中通过 Document 对象及其方法可以获取标签属性,如 id、name 和 class 等属性。Document 对象是 DOM 树的根节点对象,通过它可以对树上所有元素节点进行访问,同时也是 Window 对象的一部分,可以通过 window.document 属性对其进行访问。Document 中常用的方法如表 8-2 所示。

表 8-2  Document 中常用的方法

| 方　　法 | 说　　明 |
| --- | --- |
| document.getElementById() | 返回对拥有指定 id 名的第一个对象的引用<br>(简单理解为获取指定 id 名的标签) |
| document.getElementsByName() | 返回带有指定 name 属性名的对象集合<br>(简单理解为获取指定 name 名的标签) |
| document.getElementsByTagName() | 返回带有指定标签名的对象集合<br>(简单理解为获取标签名) |

说明：DOM 节点改变 HTML 元素中 CSS 样式，可以通过元素的 style、class 属性或是外部 CSS 文件来设置。

### 1. 使用 getElementsById()方法

getElementsById()根据属性 ID 来获取节点的对象。在 HTML 中，ID 犹如人的身份证号码，在整个页面中是唯一的。也就是说通过 ID 来取得元素，只能访问设置了 ID 的元素。语法格式如下所示：

```
document.getElementsById(id)
```

**实例 8-2**：使用 getElementsById 获取 div 中 ID 为 demo 的元素，并更改其背景颜色为黑色。效果如图 8-2 所示，左边为开始时的效果，右图为单击后的效果。

图 8-2　使用 getElementsById 效果图

代码如下所示：

```
<!DOCTYPE html>
<html lang="en">
<head>
    <meta charset="UTF-8">
    <title>Title</title>
    <style>
        #demo{
            height:100px;
            width: 100px;
            background-color: #FF0000;
        }
    </style>
</head>
<body>
    <div id="demo" onclick="bgcolor()"></div>
</body>
</html>
<script>
    function bgcolor(){
        document.getElementById("demo").style.backgroundColor="#000";
    }
</script>
```

### 2. 使用 getElementsByName()方法

用于返回带有指定名称的节点对象的集合。语法格式如下所示：

```
document.getElementsByName(name)
```

它与 getElementById() 方法不同的是，通过元素的 name 属性查询元素，而不是通过 ID 属性。使用 getElementsByName()时需要注意的是文档中的 name 属性可能不唯一，所有 getElementsByName()方法返回的是元素的数组，而不是一个元素。getElementsByName()和数组类似也有 length 属性，可以用和访问数组一样的方法来访问，从 0 开始。使用 getElementsByName()方法返回指定名称节点对象的集合。

**实例 8-3**：使用 getElementsByName()方法练习获取 name 属性，示例代码如下所示：

```html
<!DOCTYPE html>
<html lang="en">
<head>
    <script type="text/JavaScript">
        function getElements() {
            var x = document.getElementsByName("alink");
            alert(x.length)
        }
    </script>
    <meta charset="UTF-8">
    <title>返回节点</title>
</head>
<body>
    <a name="alink" href="#">这是连接一</a><br>
    <a name="alink" href="#">这是连接二</a><br>
    <a name="alink" href="#">这是连接三</a><br>
    <input type="button" onclick="getElements()" value="看看有几个连接"/>
</body>
</html>
```

运行程序，具体效果如图 8-3 所示。

图 8-3　查看连接

单击"看看有几个连接"按钮，实现如图 8-4 所示效果。

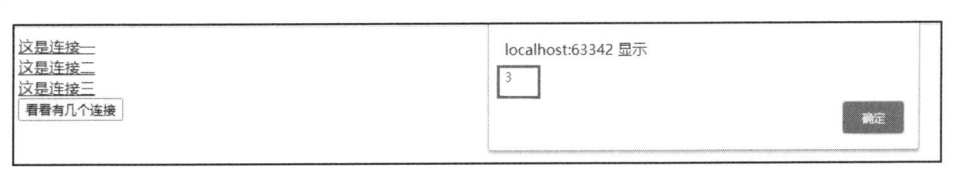

图 8-4　查看连接效果

### 3. 使用 getElementByTagName()方法

getElementByTagName()方法用于返回带有指定标签名的节点对象的集合。返回元素的顺序是它们在文档中的顺序。语法格式如下所示：

```
document.getElementsByTagName(Tagname)
```

说明：
- Tagname 是标签的名称，如 p、a、img 等标签名。
- 与数组类似它也有 length 属性，可以用和访问数组一样的方法来访问，所以从 0 开始。

**实例 8-4**：使用 getElementByTagName()获取节点，示例代码如下所示：

```html
<!DOCTYPE html>
<html lang="en">
<head>
    <meta charset="UTF-8">
    <title>获取节点</title>
</head>
<body>
    <p id="intor">我的课程</p>
    <ul>
        <li>JavaScript</li>
        <li>JQuery</li>
        <li>HTML</li>
        <li>Java</li>
        <li>PHP</li>
    </ul>
    <script>
        //获取所有的 li 集合
        var list = document.getElementsByTagName("li");
        //访问无序列表：[0]索引
        li=list[0];
        //获取 list 的长度
        document.write(list.length);
        //弹出 li 节点对象的内容
        document.write(li.innerHTML);
    </script>
</body>
</html>
```

运行程序，实现如图 8-5 所示效果。

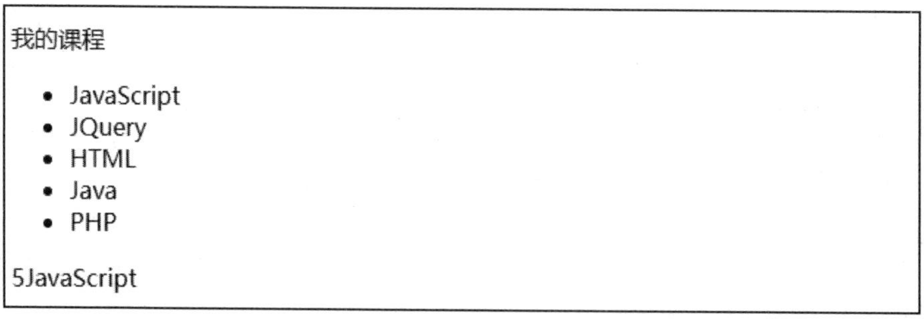

> 我的课程
> - JavaScript
> - JQuery
> - HTML
> - Java
> - PHP
>
> 5JavaScript

图 8-5　返回结果

## 8.1.5　DOM 事件机制

事件是 HTML 元素中具备的行为方式，当用户操作 HTML 元素时，会触发该元素的某个事件，通过 JavaScript 可以为该事件绑定方法，即事件绑定，其目的是使用该事件被触发时，会做出一些相应的反应。常见的 DOM 事件包含鼠标事件、键盘事件、表单事件及其他事件，具体事件的相关方法如表 8-3 所示。

表 8-3　DOM 事件

| 事 件 类 型 | 事 件 方 法 | 事 件 描 述 |
| --- | --- | --- |
| 鼠标事件 | click | 单次单击 |
|  | dblclick | 双击，300ms 之内连续两次单击 |
|  | mouseover | 滑过 |
|  | mouseout | 滑出 |
|  | mouseenter | 进入 |
|  | mouseleave | 离开 |
|  | mousedown | 按下（左键） |
|  | mouseup | 释放（左键） |
|  | mousewheel | 滚轮滚动 |
| 键盘事件 | keydown | 按下键 |
|  | keyup | 释放键 |
| 表单事件 | blur | 失去焦点 |
|  | focus | 获取焦点 |
|  | change | 内容改变 |
|  | select | 被选中 |
| 其他事件 | load | 加载成功 |
|  | error | 加载失败 |
|  | scroll | 文档滚动 |
|  | resize | 窗口大小改变 |

## 任务实施

第一步：编写研学旅行中注册界面的代码，需要使用<input>标签，HTML 代码如下所示：

```html
<div id="login">
    <div class="div">
        <div class="div1">
            <p class="p1">注册账号
                <span>已有研学旅行账号？
                    <a href="register.html">立即登录</a>
                </span>
            </p>
            <form action="" method="post" name="myform" onsubmit="return checkForm()">
                <div>
                    <input type="text" placeholder="请输入至少 3 位的用户名" id="userName" onBlur="checkUserName()" oninput="checkUserName()">
                    <span id="nameErr"></span>
                </div>
                <div>
                    <input type="text" placeholder="请输入 11 位手机号码" id="userPhone" onBlur="checkPhone()" oninput="checkPhone()">
                    <span id="phoneErr"></span>
```

```html
            </div>
            <div>
                <input placeholder="请输入 4 到 8 位的密码" type="password" id="userPasword" onBlur="checkPassword()" oninput="checkPassword()"">
                <span id="passwordErr"></span>
            </div>
            <div>
                <input type="password" class="inputs" id="userConfirmPasword" placeholder="请再输入一遍密码" onBlur="ConfirmPassword()" oninput="ConfirmPassword()">
                <span id="conPasswordErr"></span>
            </div>
            <p class="p2">
                <input class="inp" type="checkbox" checked="checked">同意
                <a href="#">研学旅行使用条款</a>和
                <a href="#">隐私保护政策</a>
            </p>
            <button type="submit" ><a class="a2">注册</a></button>
        </form>
    </div>
  </div>
</div>
```

运行代码，效果如图 8-6 所示。

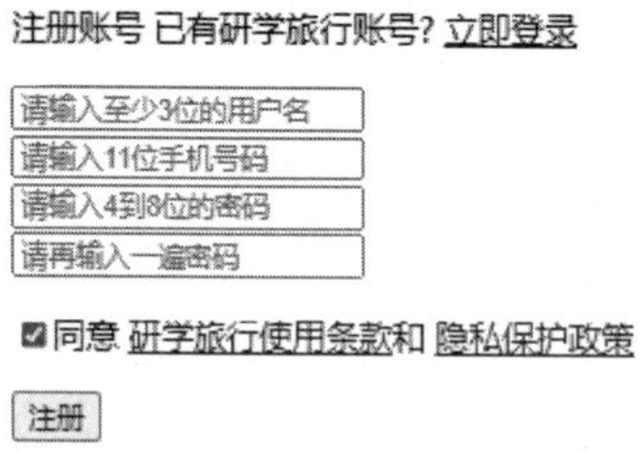

图 8-6　注册样式设置样式前效果

第二步：设置研学注册网站的样式，CSS 代码如下所示：

```css
#login{
    min-width: 1200px;
    margin-top: 40px;
}
#login .div{
    width: 1090px;
    height: 497px;
    margin: 0 auto;
}
#login .div .div1{
    box-shadow:2px 2px 10px #cecece;
    width: 350px;
    height: 417px;
    float: right;
    padding: 35px;
    background: white;
    margin-right: 68px;
}
#login .div .div1 .p1{
    height: 22px;
    font-size: 22px;
```

```css
    line-height: 22px;
    color: #5a5d6c;
    font-weight: normal;
    margin-bottom: 40px;
}
#login .div .div1 .p1 span{
    width: 165px;
    line-height: 22px;
    font-size: 12px;
    float: right;
}
#login .div .div1 .p1 span a{
    color: #ec3e7d;
    margin: 0 3px 0 3px;
}
#login .div .div1 div {
    width: 340px;
    height: 26px;
    border: 1px solid #f9a0b4;
    padding: 4px;
    margin-bottom: 25px;
}
#login .div .div1 div:hover{
    box-shadow: 1px 1px 10px 0 rgb(251,180,176);
}
#login .div .div1 div input{
    width: 340px;
    height: 24px;
    outline: none;
    border: none;
    float: left;
}
#login .div .div1 .div2{
    width: 120px;
    float: left;
    margin: 0;
}
#login .div .div1 .div2 input{
    width: 124px;
}
#login .div .div1 .s1{
    display: block;
    width: 80px;
    height: 36px;
    float: left;
    background: #ffffff;
    margin-left: 5px;
    line-height: 36px;
    text-align: center;
}
#login .div .div1 .a1{
    display: block;
    float: left;
    font-size: 12px;
    margin: 10px 3px;
    color: #666666;
    cursor: pointer;
    margin-right: 48px;
    position: relative;
}
#login .div .div1 .p2{
```

```css
    width: 350px;
    height: 34px;
    line-height: 34px;
    font-size: 14px;
    float: left;
}
#login .div .div1 .p2 input{
    margin-right: 12px;
}
#login .div .div1 .p2 a{
    color: #3e3e3e;
    margin: 0 8px;
}
#login .div .div1 .a2{
    display: block;
    width: 350px;
    height: 40px;
    background: #ec3e7d;
    line-height: 40px;
    text-align: center;
    color: #ffffff;
    float: left;
    cursor: pointer;
}
.error{
    height: 25px;
    display: block;
    float: left;
    line-height: 25px;
    margin-top: 5px;
    font-size: 12px;
    color: #666666;
}
#login .div .div1 i{
    font-size: 16px;
    margin-right: 5px;
    color: #db3f7e;
}
```

运行代码，效果如图 8-7 所示。

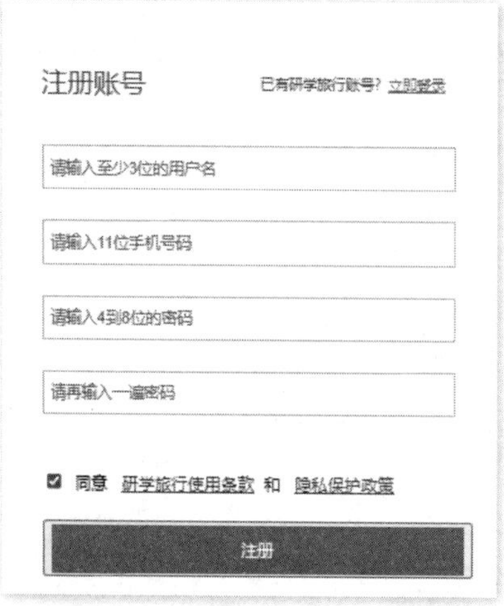

图 8-7 设置样式后效果

第三步：编写 JavaScript 验证用户名是否不少于 3 位，JavaScript 代码如下所示：

```
function checkUserName(){
    var username = document.getElementById('userName');
    var errname = document.getElementById('nameErr');
    var pattern = /^\w{3,}$/;   //用户名格式正则表达式：用户名要至少三位
    if(username.value.length == 0){
        errname.innerHTML="用户名不能为空"
        errname.className="error"
        return false;
    }
    if(!pattern.test(username.value)){
        errname.innerHTML="用户名不合规范"
        errname.className="error"
        return false;
    }
    else{
        errname.innerHTML="OK"
        errname.className="success";
        return true;
    }
}
```

此时运行界面，输入一个不合法的用户名，效果如图 8-8 所示，提示"用户名不合规范"。

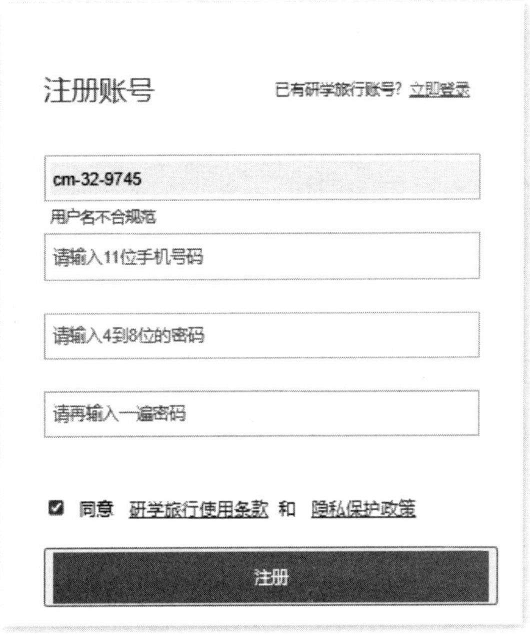

图 8-8　不合法用户效果图

如果用户名填写"zhagnsan"，则提示"OK"，效果如图 8-9 所示。

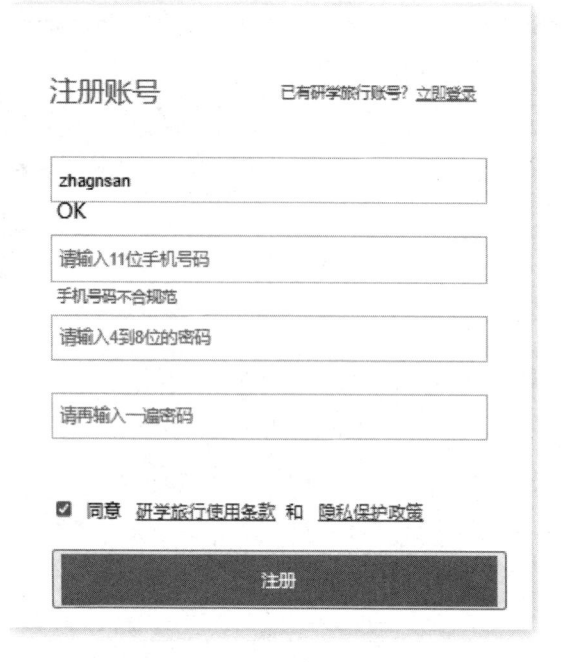

图 8-9 用户名正确效果图

第四步：同理，使用 JavaScript 设置手机号和密码的验证等其他验证效果，代码如下所示：

```javascript
function checkForm(){
    var nametip = checkUserName();
    var passtip = checkPassword();
    var conpasstip = ConfirmPassword();
    var phonetip = checkPhone();
    return nametip && passtip && conpasstip && phonetip;
}
//验证密码
    function checkPassword(){
        var userpasswd = document.getElementById('userPasword');
        var errPasswd = document.getElementById('passwordErr');
        var pattern = /^\w{4,8}$/;  //密码要在 4-8 位
        if(!pattern.test(userpasswd.value)){
            errPasswd.innerHTML="密码不合规范"
            errPasswd.className="error"
            return false;
        }
        else{
            errPasswd.innerHTML="OK"
            errPasswd.className="success";
            return true;
        }
    }
    //确认密码
    function ConfirmPassword(){
       var userpasswd = document.getElementById('userPasword');
       var    userConPassword   =    document.getElementById('userConfirmPasword');
       var errConPasswd = document.getElementById('conPasswordErr');
       if((userpasswd.value)!=(userConPassword.value) || userConPassword.value.length == 0){
```

```
            errConPasswd.innerHTML="上下密码不一致"
            errConPasswd.className="error"
            return false;
        }
        else{
            errConPasswd.innerHTML="OK"
            errConPasswd.className="success";
            return true;
        }
    }
    //验证手机号
    function checkPhone(){
        var userphone = document.getElementById('userPhone');
        var phonrErr = document.getElementById('phoneErr');
        var pattern = /^1[34578]\d{9}$/; //验证手机号正则表达式
        if(!pattern.test(userphone.value)){
            phonrErr.innerHTML="手机号码不合规范"
            phonrErr.className="error"
            return false;
        }
        else{
            phonrErr.innerHTML="OK"
            phonrErr.className="success";
            return true;
        }
    }
```

此时运行代码，当内容为空时，单击"注册"按钮会提示如图 8-10 所示的效果。

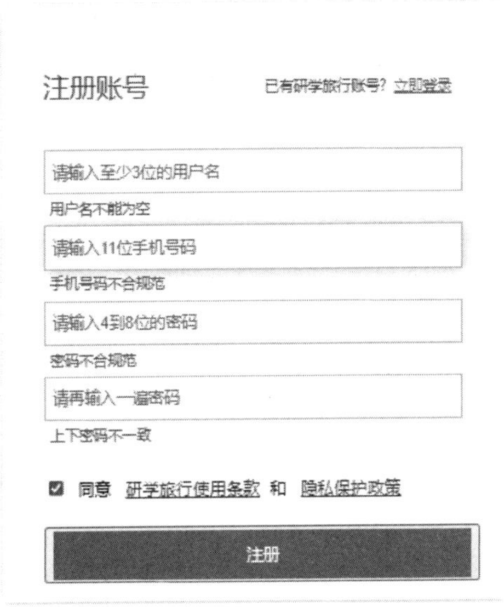

图 8-10　表单为空时效果

当所有内容按照规范填写时会全部显示"OK"，效果如图 8-11 所示。

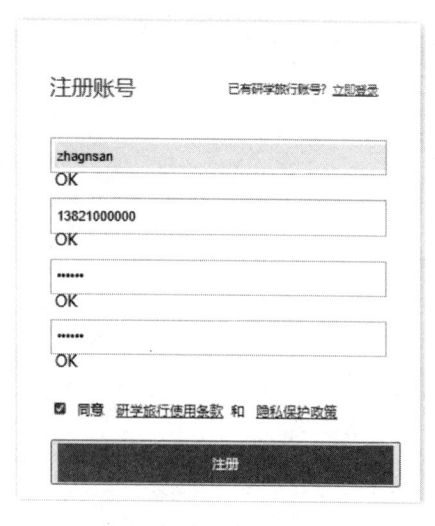

图 8-11 内容规范效果图

# 任务 8.2 Canvas

## 任务目标

本任务是实现研学旅行登录界面，在登录界面中，包含使用基础的表单实现基本的布局外，还需要使用 Canvas 绘制验证码，并通过 JavaScript 验证码来判断输入的验证码是否和 Canvas 绘制的图形一致。通过本任务的学习，使读者能够掌握 Canvas 的使用和 JavaScript 相关的事件。

## 任务准备

### 8.2.1 Canvas 概述

Canvas 是一个新的 HTML5 元素。Canvas 标签是一个画布，包含两个属性：width 和 height，分别表示矩形区域的宽度和高度。这两个属性是可选的，可以通过 CSS 来定义，其默认值是 300px 和 150px。HTML 代码为<canvas id="mycanvas" height="200" width="200" style="1px solid #ddd; ">。

画布本身不具有绘制图形的功能，只是一个容器，使用脚本语言 JavaScript 进行图形绘制，一般分为下面几个步骤。

（1）JavaScript 使用 ID 来寻找 Canvas 元素，即可获取当前画布对象，代码如下所示：

```
var a=document.getELementById("mycanvas");
```

（2）创建 Canvas 对象，代码如下所示：

```
var cxt=a.getContext("2d");
```

用 getContext()方法返回一个指定 contextID 的上下文对象，如果不支持指定的 ID，则返回"null"。由于 HTML5 的 Canvas 技术还不是很成熟，目前不支持 3D，仅支持 2D。
（3）绘制图形，代码如下所示：

```
cxt.fillStyle="#CCC";  //填充颜色
cxt.fillRect(0,0,150,75);//绘制一个矩形
```

### 8.2.2 Canvas 绘制基本图形

基于 Canvas 的绘图并不是直接在 Canvas 的标签所创建的绘图画面上进行各种绘图操作，而是依赖 JavaScript 所提供的渲染完成上下文来进行的，所有的绘图语句都定义在渲染上下文中，再通过 ID 来调取相应的 DOM 对象。

**1．绘制矩形**

在画布中绘制矩形的方法如表 8-4 所示。

表 8-4 绘制矩形方法

| 方　法 | 描　述 |
| --- | --- |
| fillRect | 绘制一个无边框矩形，如 fillRect(0,0,150,75) 表示绘制无边框矩形，左上角的坐标为（0,0），长度为 150，宽度为 75 |
| strokeRect | 绘制一个带边框的矩形，该方法的四个参数和上一方法相同 |
| clearRect | 清除一个矩形区域，被清除的区域没有任何线条 |

**实例 8-5**：使用 Canvas 绘制矩形的效果如图 8-12 所示。

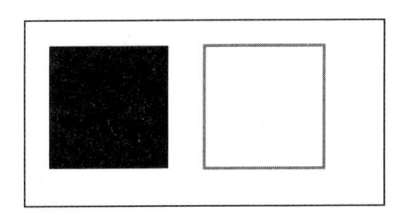

图 8-12  Canvas 绘制矩形

代码如下所示：

```
<!doctype html>
<html>
<head>
<meta charset="utf-8">
<title>canvas 绘制矩形</title>
</head>
<body>
<canvas id="canvas" style="border:1px solid #000">
你的浏览器不支持 canvas
</canvas>
<script type="text/JavaScript">
var a=document.getElementById("canvas");  //获取画布对象
var cxt=a.getContext("2d");      //使用 getContext 获取当前 2D 的上下文对象
cxt.fillStyle="rgb(0,0,155)";   //填充颜色
```

```
cxt.fillRect(20,20,100,100);      //绘制无边框矩形
cxt.strokeRect(150,20,100,100);   //绘制有边框矩形
</script>
</body>
</html>
```

### 2. 绘制圆形

在画布中绘制圆形的方法如表 8-5 所示。

表 8-5 绘制圆形方法

| 方法 | 描述 |
| --- | --- |
| beginPath() | 开始绘制路径 |
| arc(x,y,radius,startAngle,endAngle,anticlockwise) | x 和 y 定义的是圆的中心，radius 是圆的半径，startAngle 和 endAngle 是弧度，不是度数，anticlockwise 用来定义所画圆的方向，值是 true 或 false |
| closePath() | 结束路径的绘制 |
| fill() | 进行填充 |
| stroke() | 设置边框 |

**实例 8-6**：使用 Canvas 绘制圆形的效果如图 8-13 所示。

图 8-13 圆形效果图

代码如下所示：

```
<!doctype html>
<html>
<head>
    <meta charset="utf-8">
    <title>canva 绘制圆形</title>
</head>
<body>
<canvas id="canvas" width="500" height="500" style="border:1px solid #000">
    你的浏览器不支持 canvas
</canvas>
<script type="text/JavaScript">
    var a=document.getElementById("canvas"); var cxt=a.getContext("2d");
    //画一个空心圆 cxt.beginPath();
    cxt.arc(200,200,50,0,360,false);                          cxt.lineWidth=5;
cxt.strokeStyle="green"; cxt.stroke();//画空心圆 cxt.closePath();
    //画一个实心圆 cxt.beginPath();
    cxt.arc(200,100,50,0,360,false); cxt.fillStyle="red";//填充颜色,默认是黑色 cxt.fill();//画实心圆
```

```
        cxt.closePath();
        // 空心和实心的组合 cxt.beginPath(); cxt.arc(300,300,50,0,360,false);
cxt.fillStyle="red";
        cxt.fill(); cxt.strokeStyle="green"; cxt.stroke(); cxt.closePath();
    </script>
    </body>
    </html>
```

提示：用 beginPath()方法开始绘制路径时可以绘制直线、曲线等，绘制完成后调用 fill()和 stroke()完成填充和边框设置，通过调用 closePath()方法结束路径的绘制。

### 3．绘制直线

每个 Canvas 实例对象中都拥有一个 path 对象，创建自定义图形的过程就是不断地对 path 对象进行操作的过程。绘制直线的相关方法和属性如表 8-6 所示。

表 8-6　Canvas 绘制直线的方法及属性

| 方法和属性 | 功　　能 |
| --- | --- |
| moveTo(x,y) | 不绘制，只是将当前位置移动到新目标坐标(x,y)外，并作为线条开始点 |
| lineTo(x,y) | 绘制线条到指定的目标坐标(x,y)，并且在两个坐标之间画一条直线，不管调用哪一个，都不会真正画出图形，因为还没有调用 stroke（绘制）和 fill（填充）函数，只是在定义路径的位置，以便后面绘制时使用 |
| strikeStyle | 属性，指定线条的颜色 |
| lineWidth | 属性，设置线条的粗细 |

**实例 8-7**：使用 Canvas 绘制直线的效果如图 8-14 所示。

图 8-14　Canvas 绘制直线

代码如下所示：

```
<!doctype html>
<html>
<head>
    <meta charset="utf-8">
    <title>canvas 绘制矩形</title>
</head>
<body>
<canvas id="canvas" >
    你的浏览器不支持 canvas
</canvas>
<script type="text/JavaScript">
    var a=document.getElementById("canvas");
    var cxt=a.getContext("2d");
    cxt.beginPath();
    cxt.strokeStyle="rgb(0,0,255)";
    cxt.moveTo(20,20);// 开始坐标 (20,20)
    cxt.lineTo(150,50);//结束坐标(150,50)
    cxt.lineTo(20,50); // 结束坐标 (20,50)
    cxt.lineWidth=10;// 线条宽度为 10
```

```
        cxt.stroke();
        cxt.closePath();
    </script>
</body>
</html>
```

### 8.2.3 绘制渐变图形

渐变是两种或更多的平滑过渡，指在颜色集上使用逐步抽样算法将结果应用于描边和填充样式中。Canvas 绘图支持两种类型的渐变：线性渐变和放射性渐变。其中，放射性渐变也称径向渐变。

**1．绘制线性渐变**

所谓线性渐变，是指从开始地点到结束地点颜色呈直线的变化效果。在 Canvas 中，不仅可以指定开始和结尾的两点，中间的位置也能任意指定，实现各种奇妙的效果。

绘制线性渐变使用 createLinearGradient 命令，要想获得一个 CanvasGradient 对象，使用此对象的 addColorStop 方法添加颜色即可。

使用渐变的三个步骤如下。

（1）创建渐变对象，其代码如下所示：

```
var a=cxt.creatLinearGradient(0,0,0,canvas.height);
```

（2）为渐变对象设置颜色，指明过渡方式，其代码如下所示：

```
gradient.addColorStop(0,"#fff");
gradient.addColorStop(1,"#000");
```

（3）在 context 上为填充样式或者描边样式设置渐变，其代码如下所示：

```
cxt.fillStyle=gradient;
```

绘制线性渐变的方法如表 8-7 所示。

表 8-7 绘制线性渐变的方法

| 方　　法 | 功　　能 |
| --- | --- |
| creatLinearGradient(x0,y0,x1,y1) | 沿着直线从(x0,y0)到(x1,y1)绘制渐变 |
| addColorStop | 它有两个参数：颜色和偏移量。颜色表示描边或填充时所使用的颜色，偏移量是一个 0～1 的数值，表示沿着渐变线渐变的距离 |

**实例 8-8**：使用 Canvas 实现线性渐变的效果如图 8-15 所示。

图 8-15 Canvas 实现线性渐变的效果

代码如下所示：

```
<!doctype html>
<html>
<head>
    <meta charset="utf-8">
    <title>canva 绘制线性渐变</title>
</head>
<body>
<canvas id="canvas" >
    你的浏览器不支持canvas
</canvas>
<script type="text/JavaScript">
    var canvas = document.getElementById('canvas');
    var ctx = canvas.getContext('2d');
    ctx.beginPath();
    /* 指定渐变区域 */
    var grad = ctx.createLinearGradient(0,0, 0,140);
    /* 指定几个颜色 */
    grad.addColorStop(0,'rgb(192, 80, 77)'); // 红
    grad.addColorStop(0.5,'rgb(155, 187, 89)'); // 绿
    grad.addColorStop(1,'rgb(128, 100, 162)'); // 紫
    /* 将这个渐变设置为 fillStyle */
    ctx.fillStyle = grad;
    /* 绘制矩形 */
    ctx.rect(0,0, 140,140);
    ctx.fill();
    // ctx.fillRect(0,0, 140,140);
</script>
</body>
</html>
```

## 2. 绘制径向渐变

除了线性渐变以外，HTML5 Canvas API 还支持径向渐变，所谓放射性渐变就是颜色会根据两个指定圆间锥形区域平滑变化。径向渐变和线性渐变使用的颜色终止点是一样的。要实现径向渐变，需要使用方法 creatRadialGradient。

creatRadialGradient(x0,y0,r0,x1,y1,r1)方法表示沿着两个圆之间的锥形区域绘制渐变。其中，前三个参数代表开始的圆，圆心为(x0,y0)，半径为 r0；后三个参数代表结束的圆，圆心为(x1,y1)，半径为 r1。

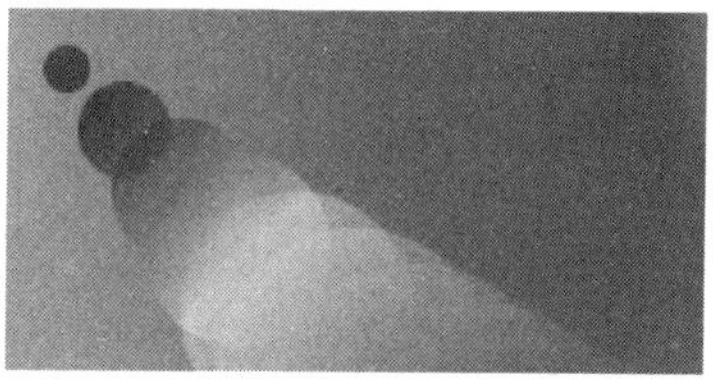

**实例 8-9**：使用 Canvas 实现径向渐变的效果如图 8-16 所示。

图 8-16 Canvas 实现径向渐变的效果

代码如下所示：

```
<!doctype html>
<html>
<head>
    <meta charset="utf-8">
    <title>canva 绘制径向渐变</title>
</head>
<body>
<canvas id="canvas" >
    你的浏览器不支持canvas
</canvas>
<script type="text/JavaScript">
```

```
            window.onload = function()
            {
                var canvas = document.getElementById("canvas");
                var context = canvas.getContext("2d");
                var g1 = context.createRadialGradient(400, 0, 0, 400,
                    0, 400);
                g1.addColorStop(0.1, "rgb(255, 255, 0)");
                g1.addColorStop(0.3, "rgb(255, 0, 255)");
                g1.addColorStop(1, "rgb(0, 255, 255)");
                context.fillStyle = g1;
                context.fillRect(0, 0, 400, 300);
                var n = 0;
                var g2 = context.createRadialGradient(250, 250, 0, 250,
                    250, 300);
                g2.addColorStop(0.1, "rgba(255, 0, 0, 0.5)");
                g2.addColorStop(0.7, "rgba(255, 255, 0, 0.5)");
                g2.addColorStop(1, "rgba(0, 0, 255, 0.5)");
                for(var i = 0; i < 10; i++)
                {
                    context.beginPath();
                    context.fillStyle = g2;
                    context.arc(i * 25, i * 25, i * 10, 0, Math.PI
                        * 2, true);
                    context.closePath();
                    context.fill();
                }
            }
        </script>
    </body>
</html>
```

### 8.2.4 绘制变形图形

context 对象中维持了一个保存当前 Canvas 状态信息的堆。context 对象提供了两个方法用于保存和恢复 Canvas 的状态，其原型如下：void save()，用于将当前 Canvas 中的所有状态信息保存到堆中；void restore()，用于弹出并开始使用堆上面保存的状态信息。使用状态保存与恢复的目的是防止绘制代码过于"膨胀"。

创建画布的 context 对象时要把初始的状态保存下来，这样在重画时就可以直接恢复成初始的状态，而不用每次都调用 clearRect()方法擦除了。

**实例 8-10**：使用 Canvas 的 save()和 restore()方法的效果如图 8-17 所示。

图 8-17　save()和 restore()的应用效果

代码如下所示：

```
<!doctype html>
<html>
<head>
    <meta charset="utf-8">
    <title> save() 和 restore()的应用效果</title>
</head>
<body>
<canvas id="canvas" >
    你的浏览器不支持 canvas
```

```
</canvas>
<script type="text/JavaScript">
    window.onload = function()
    { var ctx = document.getElementById( 'canvas' ).getContext( '2d' );
        ctx.fillRect(0,0,150,150);  //绘制矩形，高度和宽度为150
        ctx.save();  //保存
        ctx.fillStyle = '#09F'  //改变矩形颜色
        ctx.fillRect(15,15,120,120);  //绘制矩形，高度和宽度为120
        ctx.save();  //保存
        ctx.fillStyle = '#FFF'  //为矩形添加颜色
        ctx.globalAlpha = 0.5;  //透明度
        ctx.fillRect(30,30,90,90);
        ctx.restore();
        ctx.fillRect(45,45,60,60);
        ctx.restore();
        ctx.fillRect(60,60,30,30);
    }
</script>
</body>
</html>
```

### 8.2.5 SVG

**1. 使用 SVG 图像的优势**

与其他图像格式（如 JPEG 和 GIF）相比，使用 SVG 的优势在于：

① SVG 图像可通过文本编辑器来创建和修改；
② SVG 图像可被搜索、索引、脚本化或压缩；
③ SVG 图像是可伸缩的；
④ SVG 图像可在任意分辨率下被高质量地打印；
⑤ SVG 可在图像质量不下降的情况下被放大。

在 HTML5 中，可以将 SVG 元素直接嵌入 HTML 页面中，示例代码如下所示：

```
<!DOCTYPE html>
<html>
<body>
<svg xmlns="http://www.w3.org/2000/svg" version="1.1" height="190">
<polygon points="100,10 40,180 190,60 10,60 160,180"
style="fill:lime;stroke:purple;stroke-width:5;fill-rule:evenodd;" />
</svg>
</body>
</html>
```

**2. <canvas>标签与 SVG 之间的差异**

Canvas 和 SVG 都允许在浏览器中创建图形，但是它们在根本上是不同的。SVG 是一种使用 XML 描述 2D 图形的语言，SVG 基于 XML，这意味着 SVG DOM 中的每个元素都是可用的，可以为某个元素附加 JavaScript 事件处理器。在 SVG 中，每个被绘制的图形均被视为对象。如果 SVG 对象的属性发生了变化，那么浏览器能够自动重现图形。

## 任务实施

第一步：分析研学旅行登录界面，里面包含用户名/手机号码、密码和验证码，需要使用 Canvas 绘制验证码，效果如图 8-18 所示。

图 8-18 登录效果图

第二步：编写用户登录界面的代码，HTML 代码如下所示：

```
<div class="register">
        <div class="div2">
            <input class="text_name" type="text" placeholder="请输入用户名/手机号码">
        </div>
        <div class="div3">
            <input class="pwd" type="password" placeholder="请输入填写密码">
        </div>
        <div class="input-box">
            <input type="text" class="inp" id="_inp" placeholder="请输入验证码">
            <span class="icon" id="_icon"></span>
        </div>
        <p id="massege">请输入。。。</p>
        <div class="canvas-box">
            <canvas id="canvas" width="270" height="80"></canvas>
            <input type="button" class="refresh" id="_refresh">
        </div>
        <button class="sub" id="_sub">登录</button>
</div>
```

第三步：编写用户登录界面的样式，CSS 代码如下所示：

```
.register {
        box-shadow:2px 2px 10px #cecece;
        width: 350px;
        height: 412px;
        padding: 35px;
        background: white;
        margin-right: 68px;
```

```css
        }
    .text_name,.pwd{
        width: 317px;
        height: 24px;
        outline: none;
        border: none;
        float: left;
    }
     .div2,.div3,.inp{
        width: 340px;
        height: 26px;
        border: 1px solid #f9a0b4;
        padding: 4px;
        margin-bottom: 25px;
    }
   .input-box,.canvas-box
    {
        position: relative;
    }
     .input-box .icon{
        position: absolute;
        width:32px;
        height: 32px;
        background-size: 100% 100%;
        top: 50%;
        right: 0;
        margin-top: -16px;
        display: none;
    }
     p{
        margin-top: 10px;
        font-size: 12px;
        color: red;
        padding-left: 10px;
        display: none;
    }
    .canvas-box .refresh{
        width: 32px;
        height: 32px;
        position: absolute;
        top:50%;
        margin-top: -16px;
        right: 0;
        background:url("image/refresh.jpg");
        background-size: cover;
        cursor: pointer;
         border:none;
    }
     .sub{
        width: 80px;
        height: 35px;
        background-color: #62b900;
        border-radius: 5px;
        color: #fff;
        font-size: 18px;
        cursor: pointer;
    }
```

第四步：使用 Canvas 绘制验证码，并使用 JS 验证，代码如下所示：

```javascript
// 定义一个存放数字与字母的数组
    var array = [0,1,2,3,4,5,6,7,8,9];
    var string ;// 画布里面的文字
    init();
    function init(){
        for(var i = 65; i < 122; i++)
        {
            if(i > 90 && i < 97)
            {
                continue;
            }
            else {
                // 将数字转为字母
                array.push( String.fromCharCode(i));
            }
        }
        console.log(array);
        // 创建画布
        createCanvas();
        // 事件的绑定
        bindEvent();
    }
    function createCanvas(){
        string = '';// 画布里的文字
        var len = array.length;
        for(var  i = 0;i < 6; i++)
        {
            var text = array[Math.floor(Math.random()*len)];
            string += text + '';
        }
        //获得Canvas区域
        var canvas = document.getElementById('canvas');
        var context = canvas.getContext('2d');// 产生一个上下文对象(画笔)，二维绘图
        context.beginPath();//调用beginPath()方法表示路径的开始
        context.clearRect(0,0,canvas.width,canvas.height);// 绘制前先清除
        context.moveTo(10 + Math.floor(Math.random()*30),Math.floor(Math.random()*80));// 将光标移动到新点(x,y)，作为起始点，但不绘制
        context.lineTo(Math.floor(250 + Math.random()*20),Math.floor(Math.random()*80));// 指定到目标坐标(x,y),且在两坐标之间画一条直线
        context.lineWidth = 15;//指定线条的宽度
        context.strokeStyle = "#ccc";// 指定线条的颜色
        context.stroke();// 使用lineWidth、lineCap、lineJoin、strokeStyle对所有子路径进行填充
        context.closePath();// 关闭路径
        context.save();// 保存当前绘制的状态
        // 将文字加入到Canvas中
        context.beginPath();// 开始新的路径
        context.font = '46px Roboto Slab';// 设置文本字体
        context.fillStyle = '#ddd';//
        context.textAlign = 'center';// 设置文字对齐方式
        var x = canvas.width / 2;// x表示绘制文字的起始位置
        context.setTransform(1,-0.1,0.2,1,0,12);// 设置文字旋转和倾斜的效果
        context.fillText(string,x,60 );// 绘制填充文字
        context.restore();
    }
```

```javascript
function bindEvent(){
    var sub = document.getElementById('_sub'); // 获取提交按钮
    var ipt = document.getElementById('_inp');
    var massege = document.getElementById('massege');
    var icon = document.getElementById('_icon');
    var refresh = document.getElementById('_refresh');
    sub.addEventListener('click',function(){
        if(ipt.value == '' || ipt.value == null || ipt.value == undefined)
        {
            massege.style.display = 'block';
            icon.style.display = "block";
            massege.innerHTML = "请输入内容";
        }
        else
        {
            if(ipt.value == string.toLocaleLowerCase())// 小写也可以
            {
                icon.style.display = "block";
            }
            else
            {
                massege.style.display = 'block';
                icon.style.display = "block";
                massege.innerHTML = '输入错误,请重新输入!';
            }
        }
    });
    refresh.addEventListener('click',function(){
        createCanvas();// 更新画布（更新文字）
    });
    // input 文本框获得焦点之后 提示信息自动清除
    ipt.addEventListener('focus',function(){
        massege.style.display = 'none';
        icon.style.display = "none";
    });
}
```

此时运行代码，默认内容为空时，效果如图 8-19 所示。

图 8-19 内容为空时，提示"请输入内容"

会发现单击"刷新"按钮，验证码在不断地变化，效果如图 8-20 所示。

图 8-20  刷新页面，验证码发生变化

在表单中输入验证码，会验证是否正确，效果如图 8-21 所示。

图 8-21  验证码错误效果图

# 任务 8.3  数据存储

## 任务目标

本任务是在任务 8.2 的基础上添加本地数据的存储，需要使用 localStorage 及对应的方法 getItem()，通过完成本任务能够掌握表单数据如何通过 Web Storage 本地存储数据和对数据进行查看。

## 任务准备

### 8.3.1 Cookie

Cookie 是用来存储访问过的网站浏览信息，从 JavaScript 角度讲，Cookie 是一些字符串信息，这些信息用于存在客户端计算机中，用于客户端与服务器之间传递消息，除此之外，服务器端也可以存取 Cookie 信息，一般使用 document.cookie 来读取和设置这些信息。

#### 1. Cookie 工作原理

当用户第一次访问服务器时，服务器会在响应消息中增加 Set-Cookie 头字段，将信息以 Cookie 的形式发送给浏览器，一旦用户接收了服务器发送的 Cookie 信息，就会将它保存到浏览器的缓冲区中。这样，当浏览器后续访问该服务器时，都会将信息以 Cookie 的形式发送给服务器，从而使服务器分辨出当前请求是由哪个用户发出的。工作原理流程如图 8-22 所示。

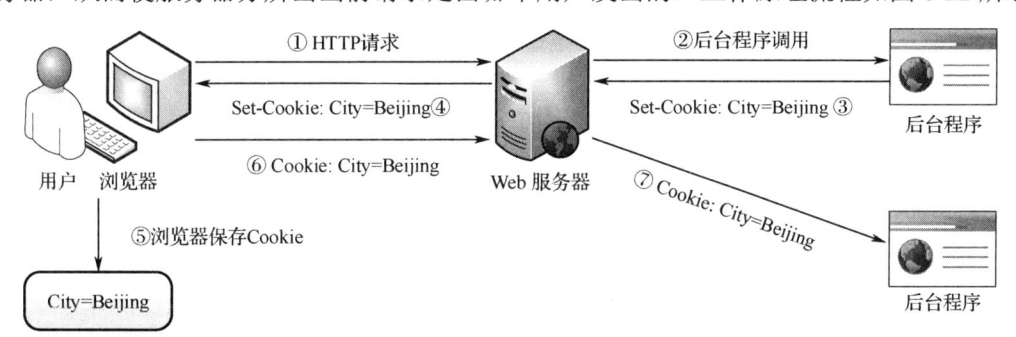

图 8-22 Cookie 工作原理流程图

#### 2. Cookie 注意事项

在使用 Cookie 的过程中，要注意以下几点内容：

- 浏览器限制 Cookie 的数量和大小，一般情况下，限制为 50 个，每个 Cookie 存放的数据不能超过 4KB，如果 Cookie 字符串的长度超过 4KB，则该属性返回空字符串。
- Cookie 在 HTTP 消息中是明文传输的，以文件形式存放在客户端计算机中，所以说 Cookie 的安全性不高，容易被窃取。
- Cookie 是存在有效期的，一般情况下，一个 Cookie 的声明周期就是在浏览器关闭的时候结束，如果想浏览器关掉之后还可以使用，就必须为 Cookie 设置有效期，也就是 Cookie 的失效日期。
- 同个网站可以创建多个 Cookie，而多个 Cookie 可以存放在同一个 Cookie 文件中。

### 8.3.2 Web Storage

Web Storage 是 HTML5 中新增的一种全新的存储技术，存储的数据不会被保存在服务器上，只用于用户请求网站上，所以说 Web Storage 存储更加安全和快速。Web Storage 克服了 Cookie 带来的一些限制，当数据被严格控制在客户端上时，无须持续地将数据发回服务器。

Web Storage 分为两种，分别是 localStorage 和 sessionStorage，其中 localStorage 的主要作

用是本地存储，将数据按照键值对方式保存在客户端计算机中，直到用户或者脚本主动清除数据，否则该数据会一直存在，也就是使用本地存储的数据将被持久化。sessionStorage 是将数据保存在 Session（会话）中，浏览器关闭则自动删除数据。数据存储 API 提供了几种方法，对于 localStorage 和 sessionStorage 都适用，方法如表 8-8 所示。

表 8-8　Web Storage 方法

| 方　　法 | 描　　述 |
| --- | --- |
| setItem (key, value) | 保存数据，以键值对的方式储存信息 |
| getItem (key) | 获取数据，将键值传入，即可获取到对应的 value 值 |
| removeItem (key) | 删除单个数据，根据键值移除对应的信息 |
| clear () | 删除所有的数据 |
| key (index) | 获取某个索引的 key |

### 任务实施

第一步：在任务 8.2 的基础上对登录案例添加单击事件，并添加一个显示按钮和 div。代码如下所示：

```
<button class="sub" id="_sub" onclick="save()">登录</button>
<input class="sub" type="button" onclick="show()" value="显示所有">
<div id="list">
</div>
```

此时运行代码，效果如图 8-23 所示。

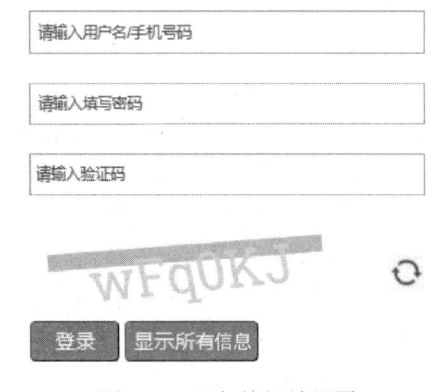

图 8-23　添加按钮效果图

第二步：编写 save()方法，用来实现对表单数据进行保存，代码如下所示：

```
function save(){
    var user_nameElement = document.getElementById("user_name").value;
    var pwdElement = document.getElementById("password").value;
    var yanzhengElement=document.getElementById("_inp").value;
    var msg = {
        user_name: user_nameElement,
        pwd: pwdElement,
```

```
                yanzheng: yanzhengElement,
            };
            localStorage.setItem(user_name,JSON.stringify(msg));
        }
```

第三步：编写 show()方法，用来实现对表单数据的查看，代码如下所示：

```
    function show(){
        var list = document.getElementById("list");
        if(localStorage.length>0){
            var result = "<table border='1' style='width:300px; margin:0 auto;'>";
            result += "<tr><td>姓名</td><td>密码</td><td>验证码</td></tr>";
            for(var i=0;i<localStorage.length;i++){
                var user_name = localStorage.key(i);
                var str = localStorage.getItem(user_name);
                var msg = JSON.parse(str);
                result +=  "<tr><td>"+msg.user_name+"</td><td>"+msg.pwd+"</td><td>"+msg.yanzheng+"</td></tr>";
            }
            result += "</table>";
            list.innerHTML = result;
        }else{
            list.innerHTML = "当前还没有数据";
        }
    }
```

此时运行代码，输入表单中的相关信息，单击"登录"按钮，效果如图 8-24 所示。

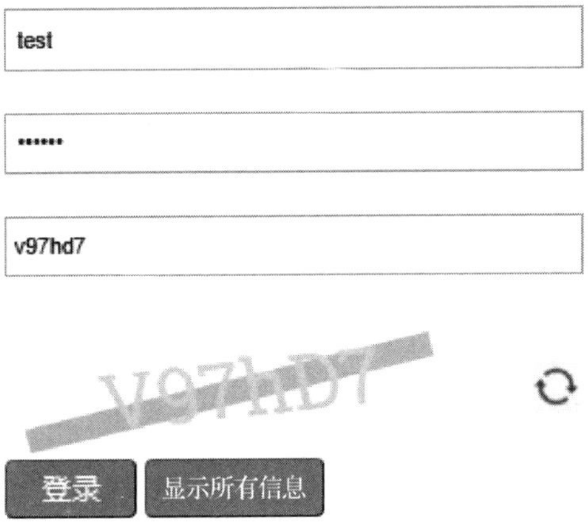

图 8-24　单击"登录"按钮效果

单击"显示所有信息"按钮，效果如图 8-25 所示。此时会发现登录的信息已经保存在了本地计算机中。

说明：本案例只是来练习一个本地数据的存储实现，在真实网站制作过程中，需要对一些敏感数据进行保密操作，比如密码一般都采用加密的形式，此处没有加密。

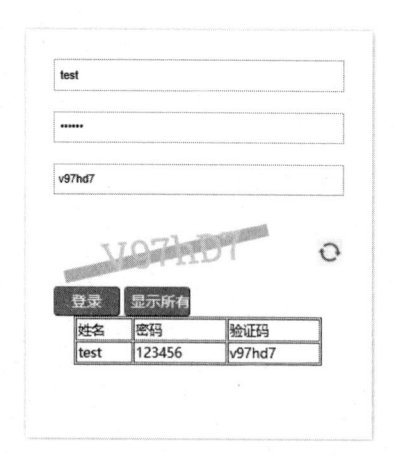

图 8-25　单击"显示所有信息"按钮

## 项目总结

本项目是对研学旅行网站注册登录界面的制作，主要分为三个任务，分别是使用 JavaScript 来验证表单内容是否符合要求，使用 Canvas 绘制验证码及对登录信息进行本地保存。通过对任务的实现，能够掌握 JavaScript 中的 Document 对象和 DOM 事件，并能够熟练使用 Canvas 绘制图形和对表单等相关内容进行本地数据存储。

# 参 考 文 献

[1] 爱飞翔. HTML5 Canvas 核心技术[M]. 北京：机械工业出版社，2013.
[2] 徐琴，由芸. HTML5 网页设计与实现[M]. 北京：清华大学出版社，2015.
[3] 表严肃. HTML 5 与 CSS 3 核心技法[M]. 北京：电子工业出版社，2020.
[4] 明日科技. HTML5 从入门到精通[M]. 3 版. 北京：清华大学出版社，2019.
[5] 张鑫旭. CSS 新世界[M]. 北京：人民邮电出版社，2021.
[6] 郝金亭，史笑颜. 从零开始：HTML5+CSS3 快速入门教程[M]. 北京：人民邮电出版社，2020.
[7] 杨阳. HTML 5+CSS 3+JavaScript 网页设计与制作全程揭秘[M]. 北京：清华大学出版社，2019.
[8] 白泽. Web 前端一站式开发手册：HTML5+CSS3+JavaScript[M]. 北京：化学工业出版社，2020.

# 反侵权盗版声明

电子工业出版社依法对本作品享有专有出版权。任何未经权利人书面许可，复制、销售或通过信息网络传播本作品的行为，歪曲、篡改、剽窃本作品的行为，均违反《中华人民共和国著作权法》，其行为人应承担相应的民事责任和行政责任，构成犯罪的，将被依法追究刑事责任。

为了维护市场秩序，保护权利人的合法权益，我社将依法查处和打击侵权盗版的单位和个人。欢迎社会各界人士积极举报侵权盗版行为，本社将奖励举报有功人员，并保证举报人的信息不被泄露。

举报电话：（010）88254396；（010）88258888
传　　真：（010）88254397
E-mail： dbqq@phei.com.cn
通信地址：北京市海淀区万寿路 173 信箱
　　　　　电子工业出版社总编办公室
邮　　编：100036